地球科学者と巡る
ジオパーク
日本列島

KAMINUMA Katsutada
神沼克伊

GEOPARKS
JAPAN

丸善出版

はじめに

21世紀になって「ジオパーク」という言葉を聞くようになりました。ジオパークとは、地球の上に残る地形や地質など地球科学的ないろいろな現象のそれぞれの価値を認めて、教育や観光に活用しながら、人類の遺産として後世に残すことを目的に始まったユネスコの国際的なプログラムです。

ユネスコは「世界の文化遺産及び自然遺産の保護に関する条約」に基づいて、保護し続けるべき「顕著な普遍的価値」を持つ地域を、世界自然遺産、世界文化遺産、世界複合遺産として登録しています。

日本の面積はおよそ37万平方キロメートル、地球上の陸地の0.25%、地球表面の0.07%に過ぎません。そこに2021年の時点で23の世界遺産と43地域ものジオパークが認定されています。この事実は日本列島がいかに興味深い場所であるかを示しています。

視点を変えれば、地球的視野で見た日本列島は、面積こそ狭いですが、そこには次の世代に伝えるべき、人間の自然を背景にした文化的活動と大地の営みが充満しているといっても過言ではないでしょう。日本列島こそ地球の世界遺産でありジオパークであるといえるのです。

特に中緯度に位置し温暖な気候を背景にした農耕民族だった日本人の祖先は、春の種まき、秋の収穫と折々の季節変化に対応して、大自然への祈りを継続していました。その根源は、平穏無事に豊かな収穫を迎えたいという、農耕民族の単純な自然崇拝であったと想像できます。宗教的な背景よりも、平穏な生活を得たいための単純な祈りです。何に向かって祈ったのでしょうか。おそらく「お天道様(太陽)」であり「荒ぶる山(火山)」に向かってではなかったかと推測しています。

私は高校の修学旅行で初めて奈良県を訪れたとき、三輪山が大神(おおみわ)神社の「ご神体」と聞き驚きました。神社のご神体は鏡のようなものと聞いていたからです。富士山も富士浅間神社のご神体でした。自然を崇拝する先祖のふるまいが、現在の日本列島の中で形成されたことこそが、世界遺産として記憶され保護されるべき存在であり、ジオパークとして注目されるべき存在なのです。

そんな視点で地球的規模の日本を眺める目的で執筆したのが本書です。私が少年の頃、地球や自然に興味を持ち、いろいろ本を読みました。しかし当時の日本は第二次世界大戦の敗戦からの復興途中で貧乏な時代だったため、本も十分には出回っていませんでした。そんな中で出会ったいくつかの本は、私を満足させてくれませんでした。最大の理由は初心者用とはいっても専門的過ぎて入り口が狭く全体像が理解しにくかったからだと思います。日本列島の全体像を、広くやさしく俯瞰した本が欲しいと思いました。

自然科学に興味を持ち始めた中学生や高校生、自然を知ろうという初学者に、宇宙という悠久の流れの中に浮かぶ小さな水の惑星・地球、その表面の日本列島で起こっているいろいろな現象の「さわり」あるいは「すがた」だけでも届けたいのです。北海道にはなぜ湖と火山が並ぶのか、東北から伊豆諸島にかけてなぜ火山が直線的に並ぶのか、なぜ西日本には火山がないのか、河川の源流はどこか、日本列島にも氷河が存在しているなど、読まれた方の地球を見る目、日本列島を見る目、ひいては自分の周囲を見る目が、新しい視野へと広がるのではと考えました。読者の日常生活、あるいは日本列島内の旅が少しでも楽しくなれば、私の目的は達せられたと思います。

地球だとか科学の話は、当然正確な情報発信であるべきです。しかし、正確に述べることにとらわれ、複雑な説明となりわかりにくい記述にならないように注意したつもりです。自然や地球の話が好きな方なら、読み進んでくだされば、必ず次第に視野が開けてくると確信しています。

また、時間軸の理解を容易にするため、すべての年代を例えば「2000 万年前」のようにおおざっぱな表現にしました。地質の説明には過去の時間軸を、例えば「カンブリア紀（5 億 4200 万年～ 4 億 8800 万年前）」のように年代で示します。これは 5 億年前後という時間軸を表すとともに、その時代以後の地層には化石が含まれるという情報を含んでいます。化石があるということは生物が生きていた証拠で、地球を考えるときには重要なエポックになります。この時代より古い地層は先カンブリア時代（5 億 4200 万年前）とよばれ、その時代の情報量は格段に少なくなります。

古第三紀（6600 万年～ 2300 万年前）の時代は、恐竜絶滅後の時代になりますが、さらに暁新世（6600 万年～ 5600 万年前）、始新世（5600 万年～ 3400 万年前）、漸新世（3400 万年～ 2300 万年前）と、一つの「紀」がさらに細分化され三つの「世」に分かれます。私はこれをすべて理解するのに苦労したのでそれを避けました。

文中のいろいろな数値、例えば山の高さだとか、湖の広さ、火山噴火や地震の起きた年代などは、基本的には『理科年表』（国立天文台編）の数値を使いました。

北アルプスが形成された時間に比べ人間の一生、人類の歴史の短さが理解される、あるいは標高が2000メートルにも満たない群馬県の谷川岳にも氷河が存在した時代があったなど、本書を読んでくださった方が、その知識を持って日本列島を旅してくださるとしたら、それは私の望外の喜びです。

2021年7月

神沼克伊

目　次

第4章 山岳地帯 89

第5章 湖 水 117

第6章 河川の造る地形 145

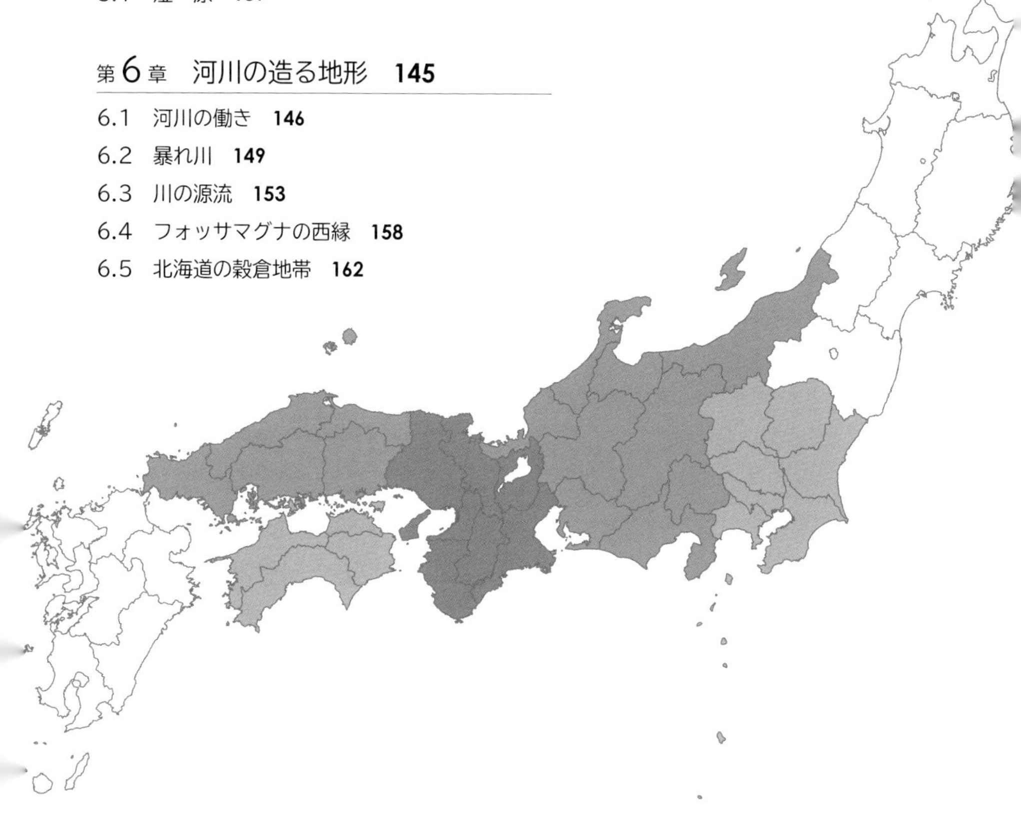

第7章 日本の氷河地形 165

第8章 変化に富む海岸線 189

第9章 自然崇拝と信仰 213

JAPANESE
ARCHIPELAGO

第1章

地球儀から見た日本列島

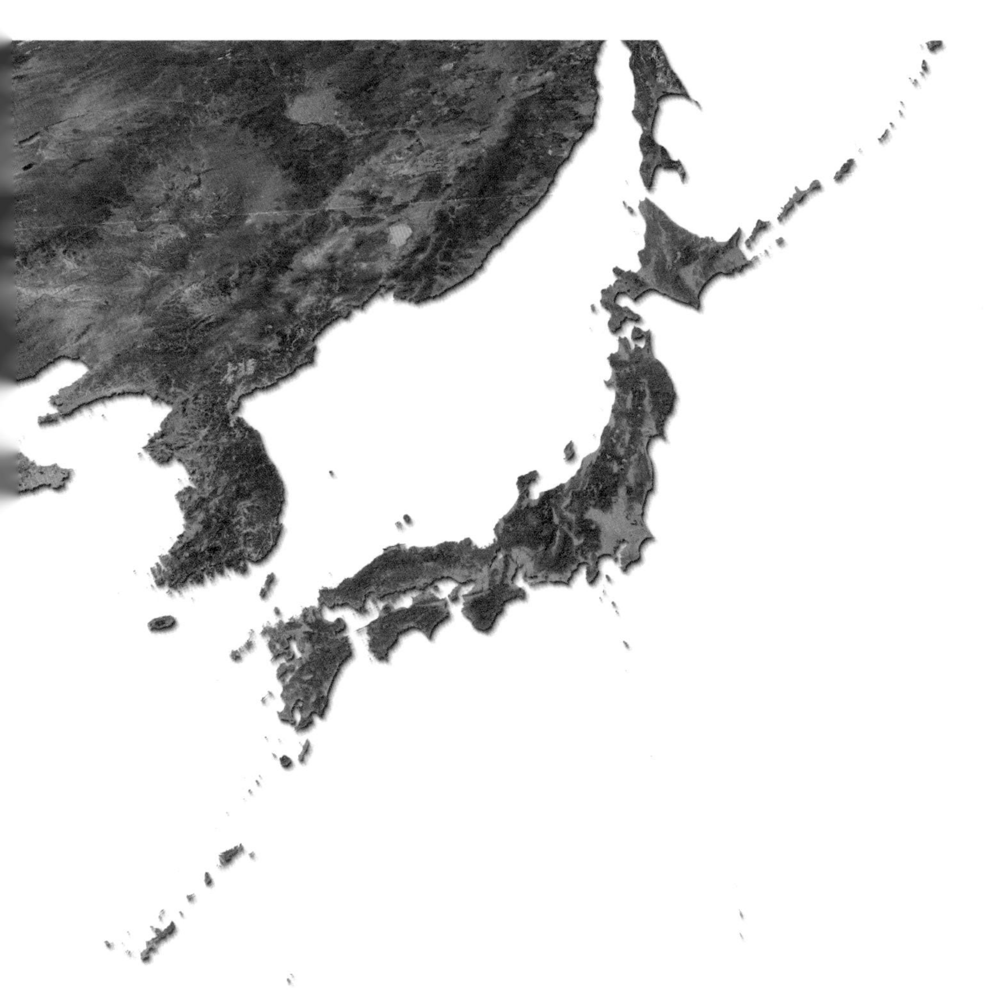

日本列島俯瞰図（写真：Planetobserver/VGL/Geoscience/アフロ）

1.1 地図を読もう

文人科学者の寺田寅彦は大正から昭和の初期、旅をするときには現在の国土地理院から発行されている20万分の1の地形図を持ち歩いていたと、その随筆に書かれています。当時でも5万分の1の地形図も発行されていましたが、5万分の1では少しの移動で地図の範囲外に出てしまう、かといって100万分の1の地形図になると情報が少なすぎて、寅彦の観察眼では不十分だったのです。

20万分の1の地形図ですと1枚の地図で大体100キロメートルの距離が入ります。東京から大阪まで、当時の東海道線で移動したとしても5～6枚の地図で済みます。折りたためば文庫本か新書本と同じ程度の大きさで持ち運びができるのです。

なお地形図は大縮尺、中縮尺、小縮尺に大別されます。大縮尺とは1万分の1より大きい縮尺、中縮尺は1万分の1から10万分の1の縮尺、小縮尺は10万分の1より小さい縮尺です。感覚的に逆と考えるかもしれませんが、1万分の1と10万分の1の値の比較と考えれば理解しやすいでしょう。この分類から考えれば、旅行などには中縮尺の地図が適しているといえます。地図帳を持ち歩けば、いろいろの縮尺があり、それぞれの特徴の地図が見られることになります。

寺田寅彦の時代と比べて、現在の旅は一度の旅行での移動距離が大変長くなりました。新幹線を使えば東京から8時間程度で、九州南端の鹿児島まで行くことが可能な時代になりました。北海道の函館や四国の高松へも4～5時間で行くことができます。

飛行機では東京から沖縄まででも2時間程度です。とても1枚の地形図には入りきらない移動が多くなっています。

スマートフォンで地図を見る人は増えています。増えているどころか当たり前の世の中になっています。画面のより広いタブレットを持ち歩き、その上で地図を見る人も増えているようです。縮尺も自由に変えられ、確かに便利です。目的地を調べる程度の利用ならそれで十分でしょう。しかし、やはり小さな画面になりますので、目的とする地域までの全体像を見るには不便です。私は地図にメモを入れたいことが多いので、どうしてもタブレットよりは紙の地形図を使いたくなり、また現在でも使っています。近年は国内でも、海外旅行でも可能な限り簡単な地図帳を持参することにしています。

地図を持参する利点は、必要に応じていつでも自分の位置を確認することができる点です。私は何となく「今自分は地球上のどこにいるのか」ということが気になるのです。国内旅行の場合はもちろん、海外に行ったときにも同じです。

昼間の飛行なら地図とにらめっこをしながら飛行機の旅をすることが多いです。近年の機内ではテレビの画面にフライトマップと称する情報が明示されています。出発地から到着地まで、常にどの辺りを飛行しているかがわかります。私は機内でテレビや映画を見るよりフライトマップを見ています。

昼間の旅行ではなるべく窓側の席を取り、空からの地形を楽しみます。スイスアルプスの上空を飛ぶときには、たとえ遠方でもモンブランあるいはマッターホルンくらいは視認したいです。シベリア上空を飛んだ後レナ川、エニセイ川、オビ川などの大河を確認できたときは感激しました。国内の旅でも同じで、陸地の上を飛行するときは地図と同じ地形を確認すると何となく安心します。

これは私の個人的な習性かもしれませんが、旅行中でも自分の居場所がはっきりしていること、地球の上で自分がどこにいるのかを確認したいのです。古代人の帰巣本能がまだ残っているのかななどと考えています。

20 世紀の終わり頃のことだったと思います。「地図の読めない○○」という言葉が流行しました。地図は「見る」だけでなく、「読む」ことが重要なのです。国土地理院発行の 5 万分の 1 や 2 万 5000 分の 1 の地形図には驚くほどいろいろな情報が含まれています。地図を「見る」とは、その中で自分のいるところはどこで、これから行く目的地はここだから、この道を行こうという程度でよいのです。

「読む」となると、目的地の周辺は市街地か、森林か、耕地か、そこへ行く途中はどんな土地になっているか、どんな風景になっているか、学校がある、神社がある、寺があるなどの情報が読み取れます。遠方に見える山の名前は何か、どの程度の傾斜なのか、等高線の間隔から急斜面か緩斜面か、見

写真 1.1-1　南極点のセレモニーポール　地球上の両極、南極点と北極点はその場所を緯度だけで表せる特異点。北極点は海の上にあり、南極点は南極大陸の上にある

写真 1.1-2　南極点の標識は南極氷床の上にあり、その移動とともに常に移動するのでリアルポール（本当の南極点）は毎年測定されている。1年間に動く距離は約10メートル。左奥の点が1982年1月1日、右側が1983年1月1日の南極点。左奥ドームの前には当時のセレモニーポールがある

た目の感覚と地図上の情報との間にずれがあるかないかなど、得られる情報は多いです。

知らない街に到着したとき、まず知るべきは東西南北です。とりあえず太陽高度と時間から、北や南の方角がわかります。東西南北を理解すると、その土地で落ち着きを感じてきます。それから自分の行く目的地の方向を探すのです。

知らない土地に行ったとき、周辺の山などから、その街の方向感覚を持つ

写真 1.1-3　南極氷床の中の氷河、海に流れ出て氷山を造る。氷床上は白一色の平坦な氷原で方向感覚を失いやすい

のです。例えば、京都だったら比叡山（ひえいざん）は市内の北東方向に見えるはずです。奈良だったら若草山が市内の東の方です。東京だったらスカイツリーや東京タワーが、大阪だったら通天閣や大阪城が、いわゆるランドマーク的な働きをしてくれます。

現在は、確かに方向音痴といわれる人が増えているのではないかと思います。日本でも我々の祖先の縄文人や弥生人は、帰巣本能から方向音痴的な人はいなかったのではないかと想像しています。野性的な生活が失われるとともに、方向感覚が失われてきたのでしょう。方向音痴の人はその土地の地図が頭に入っていないようです。地図を見て自分がどこにいるかを知る癖をつけることによって、方向音痴を自認する人も次第に自然の中を自由に闊歩（かっぽ）できるようになるでしょう。

1.2 位　置

日本列島は北海道から九州まででも北緯 30 度から 46 度、東経 128 度から 149 度の範囲です。南西諸島や小笠原諸島まで含めると東経は 122 度まで、北緯は 20 度まで広がります。北東端は択捉島、西の端は与那国島です。択捉島は残念ながら現在はロシアによって実効支配されています。与那国島には約 1700 人が住んでいます。その北方の尖閣諸島は日本固有の領土であり、かつては人が住んでいて漁業が行われ、私有地でした。2012 年、日本政府はこの土地を購入し国有地にしました。

それ以前の 1968 年頃、東シナ海で油田の潜在が認められると、中国と台湾が尖閣諸島の領有を口にし始め、漁船を含め公船の領海侵入が始まりました。2020 年になっても中国の公船はたびたび日本の領海に侵入して、尖閣諸島の領有を主張しています。日本は少なくとも複数の灯台くらいは尖閣諸島に設置して、実効支配を明確にしておかないと、日本固有の領土なのに韓国が実効支配をしている竹島の二の舞にならないかと気にしています。

日本の最南端は北緯 20 度、東経 136 度付近の沖ノ鳥島です。無人島どころか島ともよべない岩礁です。しかし、領土としては重要なポイントですから、管轄する東京都は岩礁の波浪による浸食をとめるべく、補強をくり返しています。

日本列島は南北に 2000 キロメートル以上も長いので、亜熱帯から温帯、冷帯、寒帯（高い山）と幅広い気候帯に属しています。四季があり、春には桜前線が南から北へ、秋には紅葉前線が北から南へ、高いところから低いところへと移動していきます。列島中で、その美しさを愛でることができるのです。

南の島々は最低気温の平均が 15 ℃以上で「常夏」ともよべる気候です。日本アルプスの山々には年間を通して、雪渓（せっけい）が存在しています。最近は雪渓だと思われていたのが氷河と確認され、地球上、標高 3000 メートル以下でもっとも低緯度にある氷河です。日本列島は地球上に占める領域は狭いですが、いろいろな気候が楽しめる地域なのです。

日本列島は環太平洋造山帯の一部を構成しています。この造山帯に沿って山脈や島嶼（とうしょ）が並び、火山が噴出しています。地球上でもっとも活動する地震帯でもあります。

環太平洋の島々は弧状列島とよばれるように、弓状に並んでいます。アリューシャン列島からカムチャツカ半島を通り、千島列島から日本列島に連なり、南西諸島から台湾、フィリピン諸島へと続きます。

現在の地球物理学では、地球の表面は十数枚の「プレート」とよばれている岩盤の板によって覆われているとされています。いわゆるプレートテクトニクス理論です。岩盤の厚さは 100 キロメートルほどですが、そのプレートが海洋底の表面です。プレートは海嶺（かいれい）とよばれる海底に並ぶ山脈のところで地球内部から生まれ、海洋底を広げるように移動していき、ほかのプレートと衝突して再び地球内部へと沈み込んでいきます。現在のところプレートテクトニクス理論は地球表面に起こる地形、地理、火山、地震など多くの現象をもっともよく説明できる地球物理学の学説です。

日本列島には東から太平洋プレートが、南からフィリピン海プレートが押し寄せています。太平洋プレートは南東太平洋チリ沖のイースター島西側を南北に走る東太平洋海嶺で生まれ、アリューシャン列島、千島列島、日本列島の東半分、伊豆・小笠原諸島などにぶつかり、地球内部へと沈み込んでいきます。このとき、海底を引き込むように沈み込みますので、プレートの沈み込む地域には海溝が発達します。

一般に海底は、深さが 5000 〜 6000 メートルの広大な原っぱです。ところが海溝は、幅が 100 キロメートル足らずですが、深さは 8000 〜 1 万メートルになります。カムチャツカ海溝から千島海溝の深さは 9550 メートル、日本海溝は 8058 メートル、伊豆・小笠原海溝は 9780 メートルです。海底原に深い切り込みを入れたような溝が連なっています。

フィリピン海プレートの生まれる場所は正確にはわかっていませんが、フィリピン諸島東側のフィリピン海盆付近と考えられています。海盆（かいぼん）とは、海嶺ほどは突出していませんが周囲の海底よりも高い台地上の海底地形を指します。フィリピン海プレートは伊豆半島から西側の日本列島に衝突して、地球内部へと沈み込みます。このとき、やはり海底を引きずり込みますが、その引き込み方は海溝を造るほどでなく、そこには細長い舟形をした窪地が

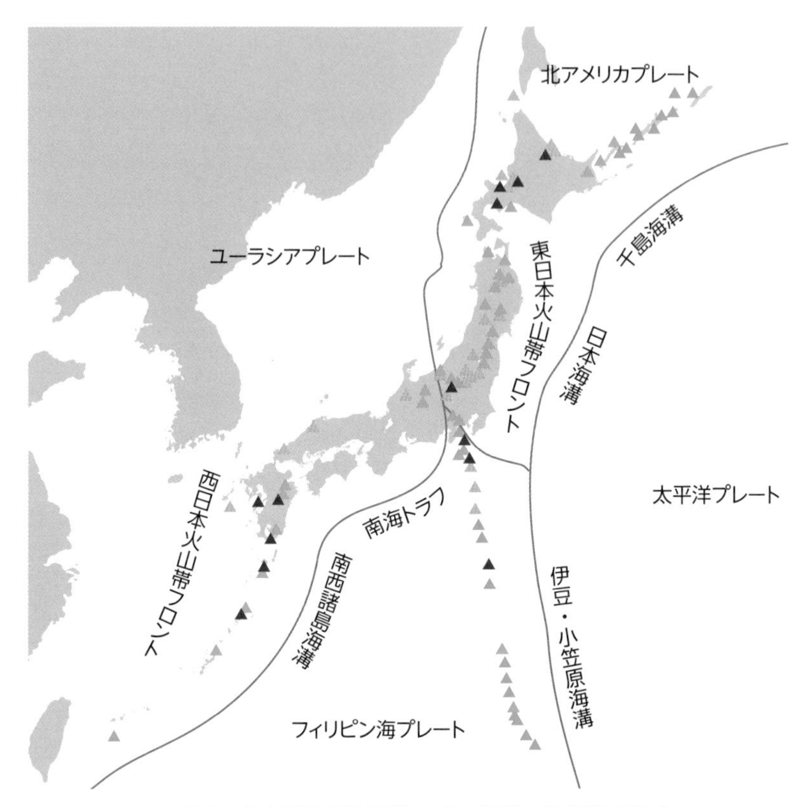

図１　日本列島付近のプレート、海溝、火山帯フロント

生じトラフと称します。この日本列島西側の太平洋沖の窪地を南海トラフとよびます。

太平洋プレートがぶつかったのは北アメリカプレート、フィリピン海プレートがぶつかったのがユーラシアプレートとよばれています。研究者によっては北海道や本州の東の部分は北アメリカプレートではなく、オホーツク海を中心にしたオホーツクマイクロプレートだと主張する人もいましたが、現在は北アメリカプレートとする人が多いようです（**図１**）。

水深 5000 メートルの海底原から日本列島を見たと想像してください。はるか彼方には、海底原からの高さは 9000 メートルに近い富士山をはじめ、その背後には 8000 メートルの日本アルプスの山々が並んでいます。その手

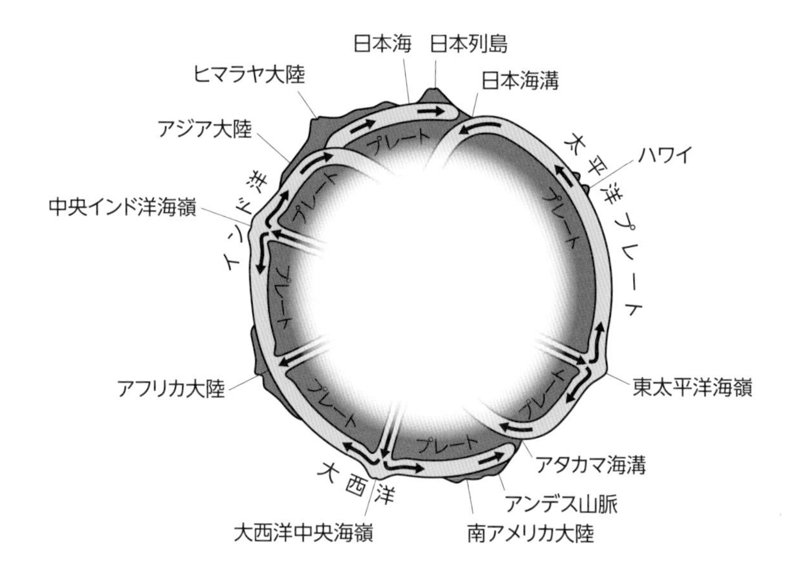

図 2　地球表面のプレートの構造

前には深さが 3000 ～ 4000 メートルの深い溝が横たわっているのです（**図 2**）。

この日本列島に沿うプレート境界付近が、火山帯であり、地震の多発地帯です。火山帯はアリューシャン列島から千島列島へと続き、北海道から東北日本、さらに伊豆・小笠原諸島へと続きます。この火山帯は太平洋プレートの沈み込みが起因しています。

伊豆半島西側の日本列島にも火山帯は発達していて、中国地方から九州、さらに南西諸島へと続きます。

環太平洋地震帯ではところどころでＭ９の超巨大地震が起こります。日本では 1000 年に一度くらいと考えられていた太平洋沿岸の超巨大地震が 2011 年に起こった東北地方太平洋沖地震（Ｍ 9.0）によってもたらされた「東日本大震災」でした。

1.3 地球は丸い

中学生の中には地球は丸いのではなく楕円形をしていると習って、何かとても難しいことを覚えた気分になる子どもたちは少なくないと思います。「地球は丸い」と教えられていたのが、楕円だといわれれば、確かにすごいことを聞いたと思うかもしれません。では、地球は楕円形に見えるでしょうか？

一般に地球の形が見られるのは、月食のとき、月と太陽の間に入って月に影を落とす地球の姿です。月に映る地球の姿、月の欠け方は決して楕円形ではないことはすぐ理解できるでしょう。

では、宇宙から見たらどうでしょうか。宇宙飛行士は地球が楕円形に見えたというような話をしているでしょうか。そんな話は聞いたことがないでしょう。

地球の半径は6378キロメートルです。これは地球の中心から赤道までの距離です。それに対し地球の中心から北極点や南極点までの距離は、およそ20キロメートル少ない6358キロメートルほどです。確かに地球は赤道が膨らみ、北極と南極が40キロメートルほど押しつぶされた形、つまり楕円体でその影は楕円形をしてはいます。その潰れた割合を扁平率とよびます。地球の扁平率は300分の１です。

地球儀は地球をモデル化したものです。ですから地球儀を作るときは、できるだけ地球の大きさを再現すべきです。では、半径30センチメートルの地球儀を考えてみることにします。赤道半径が30センチメートルの地球儀ですと、極半径はそれより１ミリメートル短い29.9センチメートルです。１ミリメートルは本書の20ページ分ほどの厚さです。このようなサイズの地球儀をつくったとして、私たちはそれを楕円体とよぶでしょうか。やはり丸い、地球は球形と考えるのが自然です。半径30センチメートルの地球儀は、世の中の地球儀としてはかなり大きなサイズです。小学生が使う直径が30センチメートル程度の地球儀では、半径の違いは0.5ミリメートルとさらに小さくなり、楕円としての識別はますます困難になります。

地球のスケールで物事を考えるとき、地球は楕円体という、その楕円がどの程度のものか理解しておくと、ほかの問題にも応用できます。ただの言葉に惑わされないようにしましょう。

地球儀は地球をモデル化したものと前述しました。モデル化といっても地球の表面には山あり海ありで、でこぼこしています。それが地球儀では表せていないではないかと主張する人がいます。地球儀には山の高さ、海の深さなどは色で示しているだけです。でも地球の表面の凹凸、高い山でも 9000 メートル、深い海でも 1 万メートル、ともに 10 キロメートル程度です。これを地球儀の面に表すとすれば、その凹凸も 1 ミリメートル程度、地球が楕円と称するのと同じ程度です。私たちが見る地球儀は、やはり地球のモデルとして見て、何の不都合もありません。

地球の構造は半熟のゆで卵に例えられます。卵の殻に相当するのが地殻です。地殻は、海洋では厚さはもっとも薄く 10 キロメートル、日本列島では 30 キロメートル、ヒマラヤ山脈のような大陸の中心では 50 キロメートル程度です。

卵の白身に相当するのがマントルです。マントルは上部（地表面からの深さ 50 ～ 1200 キロメートル）と下部（1200 ～ 2900 キロメートル）に分かれます。上部マントルを構成するのは岩石ですが、下部マントルは鉄やマグネシウムの酸化物や硫化物と推定されています。地殻もマントルもその状態は固体です。プレートは地殻とマントルの最上部で構成されています。

卵の黄身の部分が核です。核は地震波の横波を通さないことから、その状態は液体と考えられていました。ですから半熟の卵に例えられていましたが、地震の観測が進むと、核の中心を固体と考えないと説明ができない、観測された地震波の伝搬が説明できないことが明らかになりました。そこで現在の地球物理学では、核は外核（2900 ～ 5100 キロメートル）と内核（5100 ～ 6370 キロメートル）に分かれ（その構成物質はともに鉄やニッケルですが）外核は溶融状態つまり液体、内核は高い圧力のために溶融状態が固態になっているとして固体と考えられるようになりました（**図 3**）。

この鉄とニッケルの合金を見る機会があります。宇宙から地球に飛んできた隕石の中に含まれる隕鉄です。隕鉄は天体の中心部分のかけらと考えられ、地球の中心と同じものと推定されています。隕鉄を切断した断面は銀色に輝き、まさに鉄の塊です。幕末の剣豪・山岡鉄舟は隕鉄で短刀をつくった人と

写真 1.3-1　**アフリカの大地**　象の群れの彼方、地平線はかすかに湾曲している

写真 1.3-2　**相模湾の水平線**　水平線にはかすかな湾曲が認められる。水平線中央の島は伊豆大島。その右の陸地は伊豆半島。中央が 1923 年の関東地震で隆起した江の島・稚児ヶ淵

して知られています。隕石を展示している博物館を訪れる機会があったら注意して見てください。

大陸を旅行すれば地平線の湾曲に気がつくでしょう。大平原の地平線は中央がやや高まり、両側がかすかに弓なりになっています。

日本列島では北海道の原野でもこのような景観が見られる地域があります。海岸で沖を見れば同じように水平線の湾曲を識別できるでしょう。

海上では遠方の船や島、陸地に注意してください。船はマストが見えても船体は見えないかもしれません。島や陸地は山の頂上付近が見えても海岸線は見えないでしょう。なぜなら、地球が丸いからです。

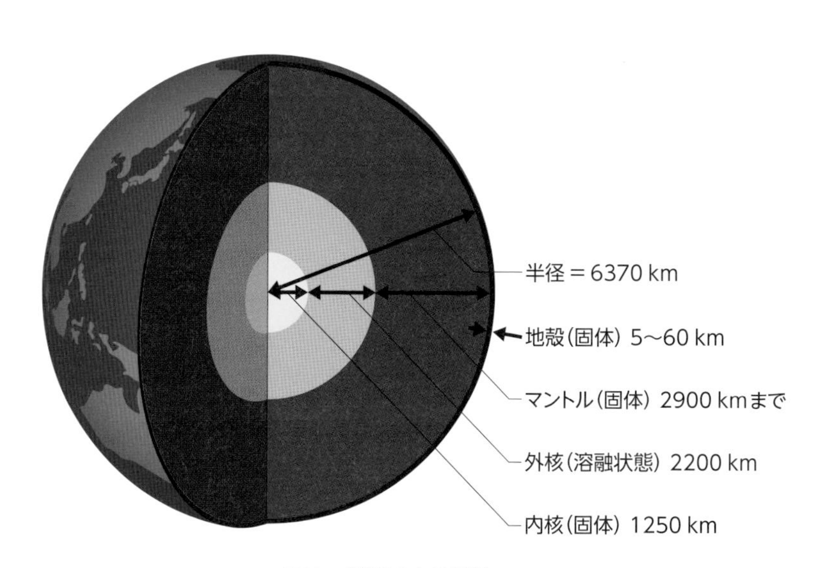

図３　地球の内部構造

1.4 地球は磁石

近年はGPS（全地球測位システム）が普及して、専門家による測量や登山やハイキングでの道しるべが大変楽になりました。楽になったのはよいのですが、1.1節で述べたように地図を見る機会も少なくなり、人間の本能的

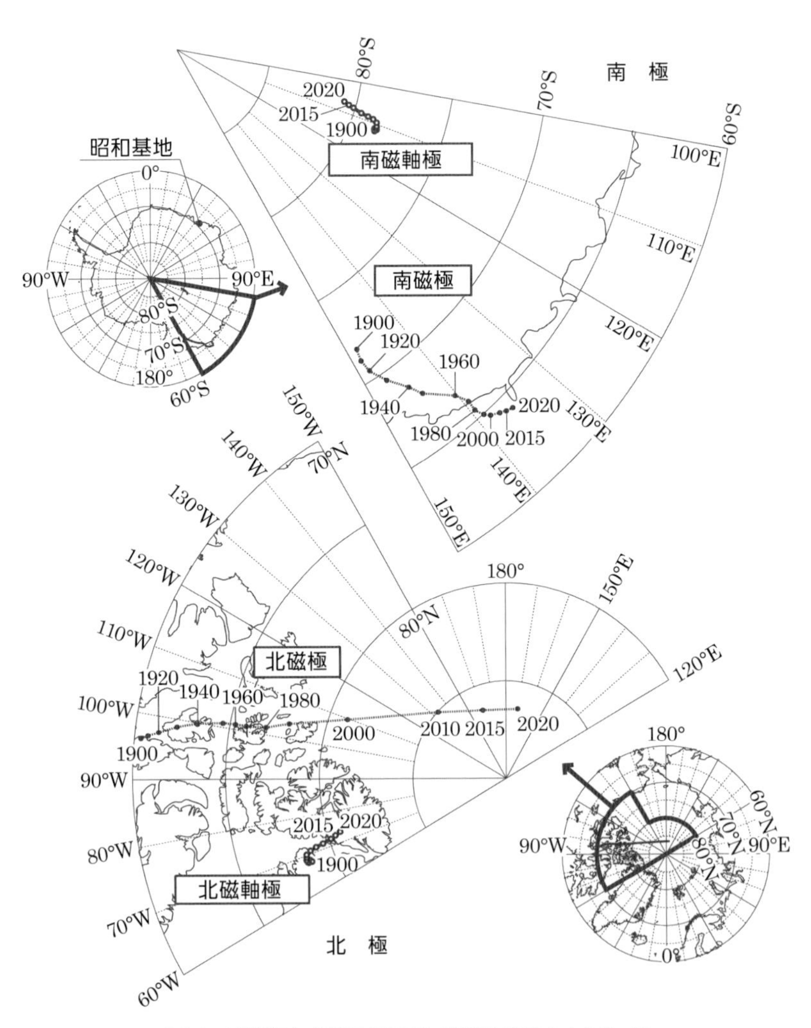

図４ **南磁極と北磁極の移動**（理科年表をもとに作成）

な方向感覚が失われてきているのではと気になります。

本節では基本に立ち返り、方位磁石（あるいは方位コンパス）を使うことを考えてみます。方位磁石の示す北を目指して、海を越え、陸地を越えて進んで行ったとします。すると少しずつ磁石のN極の先が下を向くようになり、ついには下にくっついて動かなくなります。専門家たちは磁石がこの磁針のお辞儀によって使えなくなることを避け、あらかじめ北へ行くならS極側に、南半球や南極観測で使うならN極側に針金を巻いてバランスが崩れないように細工をします。そしてとにかく磁石の指す北に着いたとします。そこでは磁石のお辞儀、これを伏角といいますが、最大の90度になります。

方位磁石の伏角が90度の点、そこが北磁極、磁石の北極です。その点は地理学的北極、つまり北緯90度の点とは2018年頃の測定で500キロメートルくらい離れています。同じく南磁極は南極点とは3000キロメートルも離れています（**図4**）。

磁石の針が北を指すとはいっても、このように厳密には北を指しません。真北とは、ずれてしまいます。このずれを偏角といいます。偏角と伏角、そしてその場所の磁石の強さ、それを磁場といいますが、その磁場の強さが全磁力で、この三つを地磁気（地球の磁場）の三要素とよびます（**図5**）。地球物理学では地球上の多くの場所で、この地磁気の三要素を調べることによって、地球がどうして磁場を持つのかを研究しています。

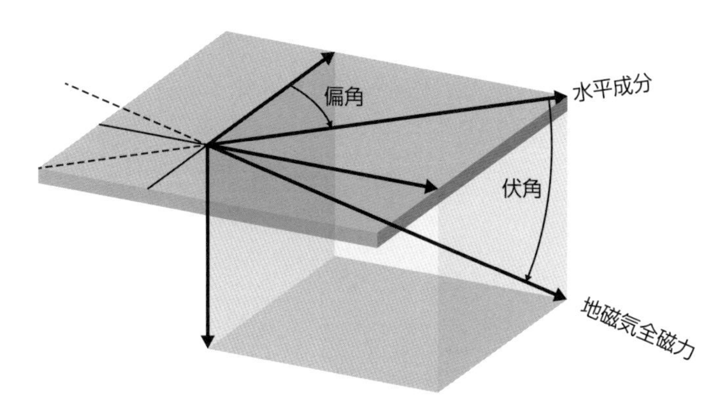

図5　地磁気の三要素

また1960年頃の地図で見ると、北磁極は1800キロメートル、南磁極は2000キロメートル、それぞれ北極点や南極点から離れていました。ですから、およそ半世紀の間に北磁極は1300キロメートルほど北極点に近づき、南磁極は逆に800キロメートルほど南極点より離れたことになります。この事実から地球の磁場は時間とともに移動していること、つまり磁場の位置には永年変化があることがわかります。この磁極の移動は近年は『理科年表』でも示されています（**図4**）。

写真1.4-1　南極・昭和基地で撮影された極地特有の現象・オーロラ

写真1.4-2
南極点（リアルポール）に置いた方位磁石　磁針の南は南磁極を指している

そこで多くの観測点で調べた磁場の強さから、地球全体を一つの磁石と考えて作り出された地球磁場のモデルが、双極子磁場です。地球の中心に棒磁石を置いて、地球全体の磁石のモデルと考えるのです。この棒磁石のＳ極とＮ極を延ばしていって、地球表面と交わった点が北磁軸極（地磁気北極）と南磁軸極（地磁気南極）です。地磁気モデルは毎年のように国際学会で改定されますが、この磁軸極は南磁極や北磁極ほどは動きません。

北極や南極の地図には、必ず北極点、北磁軸極、北磁極、南極点、南磁軸極、南磁極が示されています。

日本列島の各地で測定される、偏角や伏角、全磁力も変化します。2010年頃には、北海道では偏角が西へ8～9度、伏角が57～58度、東北地方の南の方では偏角が西へ7～8度、伏角が51～53度、九州では偏角が西へ6度、伏角が47度程度です。南に行くにしたがって、偏角も伏角も小さくなりますが、それは北磁極から離れるからです。

ですから日本で方位磁石を使う場合は磁石の示す北と、真北つまり北極点の方向との間には6～9度のずれがありますから、その分、東側に戻すことを忘れないでください。

地球の磁場、つまり地球はどうして磁石の性質があるのでしょうか。その答えは地球内部の核にあります。地球の中心核は、前節で説明したように鉄とニッケルの合金ですから、永久磁石になっているのではと考えられました。しかし金属の磁石が永久磁石である場合は、その温度が770℃（キュリー温度あるいはキュリー点とよぶ）よりも低くなければなりません。キュリー温度より高い温度の金属は磁性を失います。地球の中心核付近の温度は6000℃程度と推定されていますので、この永久磁石説は否定されました。

永久磁石説で困るのは磁極の移動です。どうして北磁極や南磁極が移動するのかも、説明がつきません。

そこで考え出されたのが、中心核が巨大な発電機の働きをしているというダイナモ説です。液体である外核の運動によって、そのシステムがつくられていると考えられています。ただダイナモ説でも、地球の磁場の逆転、つまり過去に何回かくり返されている北極が南極へ、南極が北極になった現象を完全に説明できるまでにはいたっていません。

1.5 4枚のプレートの接合点

プレートテクトニクス理論によれば、日本列島付近には４枚のプレートが相接している珍しい場所となっています（**図6**）。しかもその接点が首都圏付近なのです。首都圏直下では北アメリカプレートの下に東側から太平洋プレートが沈み込んでいます。さらに南西側からフィリピン海プレートが沈み込み、東京湾北部の地下あたりで、その先端が太平洋プレートの上面に接しています。

図6 日本の首都圏付近では３枚のプレートが相接する三重会合点になっている

垂直構造で見れば、首都圏の最上層は北アメリカプレート、その下にフィリピン海プレート、さらにその下に太平洋プレートが存在しています。神奈川県から相模湾の地下では北アメリカプレートの下にフィリピン海プレートが沈み込んでいます。

プレート境界では地震が多発しますが、首都圏を含む南関東や伊豆半島周辺で起こる地震は次のように大別できます。

1. 関東地方内陸、つまり北アメリカプレート内で発生する内陸型（プレート内）の地震
2. 伊豆半島や伊豆諸島、つまりフィリピン海プレート内で発生する内陸型（プレート内）地震
3. 相模湾から房総半島南方のフィリピン海プレートの沈み込みによる海溝型地震（関東地震）
4. 南関東直下のフィリピン海プレート内部で発生するプレート内地震

5. 茨城県沖から房総半島沖、さらに小笠原海溝にかけて太平洋プレートの沈み込みによる海溝型地震
6. 南関東一円直下の太平洋プレート内で発生するプレート内地震
7. 伊豆半島の西側、駿河湾付近でフィリピン海プレートの沈み込みによる海溝型地震（東海地震）

このうち**3．5．7**に属するのがプレートの沈み込みにともなって発生する海溝型地震で、しばしばＭ８クラスの巨大地震が起こります。このように日本の首都圏では、100 ～ 200 年に一度くらいはＭ８の巨大地震や M7 クラスの直下型地震に襲われる運命、構造になっているのです。したがって住民はそれに備えなければならず、国家としてはそのリスクを避ける方策を検討しなければならない運命にあるのです。

ニュージーランドのウェリントンのように、日本と同じようにプレートの接しているところに立地している首都はほかにもありますが、4枚のプレートが接しているところに位置して大都市が開けているのは日本だけでしょう。

写真 1.5-1　**大正関東地震直後の横浜の横浜市開港記念館**

1.6 海溝の利用

日本列島の特徴は、太平洋側に列島に沿って海溝が並んでいるところです。そこで、この海溝を人類共通の目的で使用できないか、使用するにはどうしたらよいかという問題提起をします。本書の目的とは異なりますが、海溝に並列している日本列島の住人として、また地球上の多くの国でその処分に困っており、やがては人類共通の大問題になる高レベル放射性廃棄物の処理に海溝を使うことに、日本がリーダーシップを取るべきと考え、あえて一節を設けました。これが実現すれば日本の人類への最大の貢献の一つといえるでしょう。

1970年代頃から一部の地球物理学者によりいわれ出したことが、「海溝に核廃棄物を捨てたらどうか」ということでした。私の知るところでは、この提案がどこかで真剣に議論されたことはないようです。また自国で出したゴミは自国で処理をするのが原則との基本理念もあるようで、この問題はこれまで真剣に議論はされていなかったようです。

「排出されたすべての核のゴミ」を自国で処理すべきと正論をいったところで現実には住民の反対もあり、その処理に関しては少しも進捗せず地表面に溜まり続けているのが現実です。外国の多くの国も日本と事情はあまり変わらないようです。とにかく早く解決方法を見つけなければならないのです。

東日本大震災を経験し、今なお放射能で汚染された物質、核廃棄物などが溜まり続けている日本でその現状を座視してよいのでしょうか。この問題は国家プロジェクトとして真剣に考えるべき時期にきているのです。

しかし、ゴミだからといってすぐ海溝に捨ててよいわけはありません。それなりに手順を踏んだ事前の実験が必要です。その実験はできれば国際共同で進めるべきです。

フィンランドには地球上でももっとも古く安定したゴンドワナ時代の地層があり、その地層に巨大な空間を掘り、核廃棄物を捨てる場所にしていると聞いたことがあります。しかし、自国で核廃棄物を処理できる条件を有する国は世界でも限られているでしょう。原子力発電を進めているヨーロッパ大陸の各国でも、その処理には頭を悩ませているのです。

写真 1.6-1　**日本海に面した島根半島の島根原子力発電所**

写真 1.6-2　**島根原子力発電所の原子力館**（展示棟）

そこで海溝を核廃棄物の捨て場にするのです。海溝の底は、年に 10 センチメートル程度の速さで地下に潜り込んでいきます。その潜り込むベルトコンベアに核廃棄物を載せて、そのまま地球の内部に送り込めば、後は地球のシステムがそのゴミを処理してくれます。

問題は汚染物質を拡散させることなくどうやって、海溝のベルトコンベアに載せるのかです。例えば、直径 1 メートルのドラム缶状の容器に廃棄物を入れて海溝の底に縦に一列に並べていったとします。その容器は 10 年もすれば地球内部に沈んでくれるでしょう。高い圧力の海底ですから、例え容器が破損しても中の放射能で汚染した物質が海溝から浮上して、海洋汚染につながるとは考えにくいですが、その検証は必要です。

外国から無用なクレームをつけられないためにも、国際共同でしかも成果をすぐ公開しながら実験を進めれば、意外に早く実用化できるのではと考えています。日本は「しんかい 6500」という潜水調査艇も有しています。その実力はあるはずです。核廃棄物を安全に処理できることと、原子力発電の推進とは別問題であることは、改めて言及する必要はないでしょう。

福島第一原子力発電所で発生している、放射能に汚染された水を無人島に捨てることを提案した人がいたようです。しかし、汚染物質を陸上に貯蔵することは結局問題を先送りにするだけです。人間の手の届かない場所に捨てるとすれば、プレート運動という地球上の自然の営みに託してベルトコンベアに乗せるのが良案です。

神の「思し召し」次第で、人間にはどうすることもできない放射能に我々は手を出してしまったので将来的には原発は使うべきではないでしょうが、現在あるものには対処せざるを得ません。人類が自分の手ではコントロールできないものを生み出し、その廃棄物で苦労しているのです。ゴミ捨ては自然の恩恵を追求するとき、人間が考えなければいけない課題を含んでいるのです。

JAPANESE
ARCHIPELAGO

第2章

日本列島の成り立ち

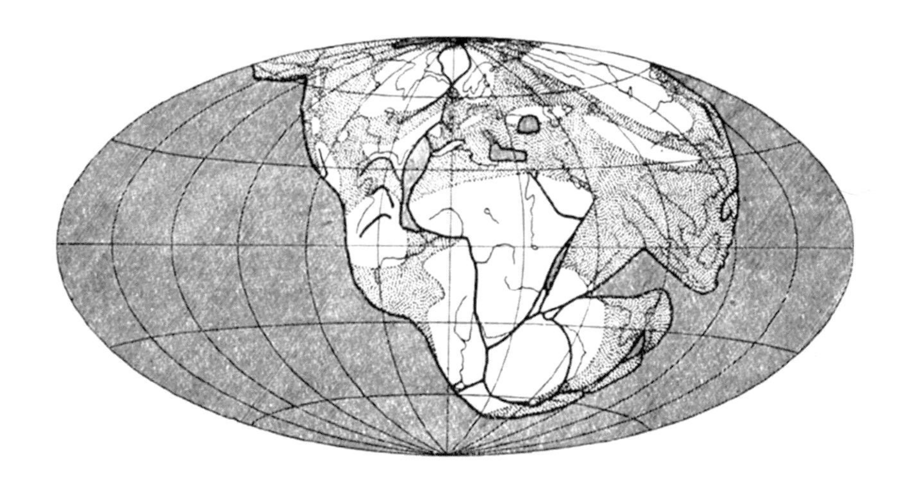

巨大大陸パンゲア

2.1 大陸からの分離

宇宙空間で塵芥(じんかい)が集まり、地球という天体が形成され始めたのは46億年前頃と考えられています。その塵芥の塊は、次第に現在の地球の姿へと形を整えていきましたが、先カンブリア時代(5億4200万年以前)の終わり頃には、海洋と陸地が形成され、アメーバのような生物も現れ始めました。古生代(5億4200万年〜2億5100万年前)の終わり頃になると、魚類、両生類、爬虫類の動物や、藻類、シダ類、ソテツ類などの植物も現れてきました。その頃は地球上にはパンゲアとよばれる巨大な陸地が存在していました。

2億3000万年前頃には、パンゲアは北のローラシア大陸と南のゴンドワナ大陸に分裂していました。ローラシア大陸には現在の北アメリカ大陸やユーラシア大陸のもとになる陸地が属し、ゴンドワナ大陸には現在の南アメリカ、アフリカ、インド(亜大陸)、オーストラリア、南極などの大陸の原型が属していました。

地球の上の大陸が離合集散すると考えられ始めたのは、1912年のことでした。ドイツのウェーゲナー(Alfred Lothar Wegener)が大陸移動説を発表したのです。ウェーゲナーは現在の南アメリカ大陸東岸とアフリカ大陸の西岸の海岸線の形が似ていることから、二つの大陸は一つの大陸だったのではないかと考え、その着想が大陸移動説の始まりでした。彼はその着想を発展させゴンドワナ大陸も提唱したのです。

ゴンドワナ大陸を見ると、確かに一つの大陸と見てよい点がいろいろありました。しかし、多くの科学者の疑問は巨大大陸を引き裂いて、何千キロメートルも移動することがどうしてできるのかということでした。この問題にウェーゲナーをはじめ大陸移動説に賛意を表した誰もが答えることはできませんでした。大陸移動説は忘れ去られつつありましたが、第1章で述べたように、海洋底拡大説、さらにプレートテクトニクス理論として復活しました。

約1億3000万年前になると、ローラシア大陸の東縁になる現在のアジア大陸の東端には、南北2000キロメートル以上にわたり日本列島のもとになる地層が存在していました。アジア大陸の外側には海岸線に沿って数百キ

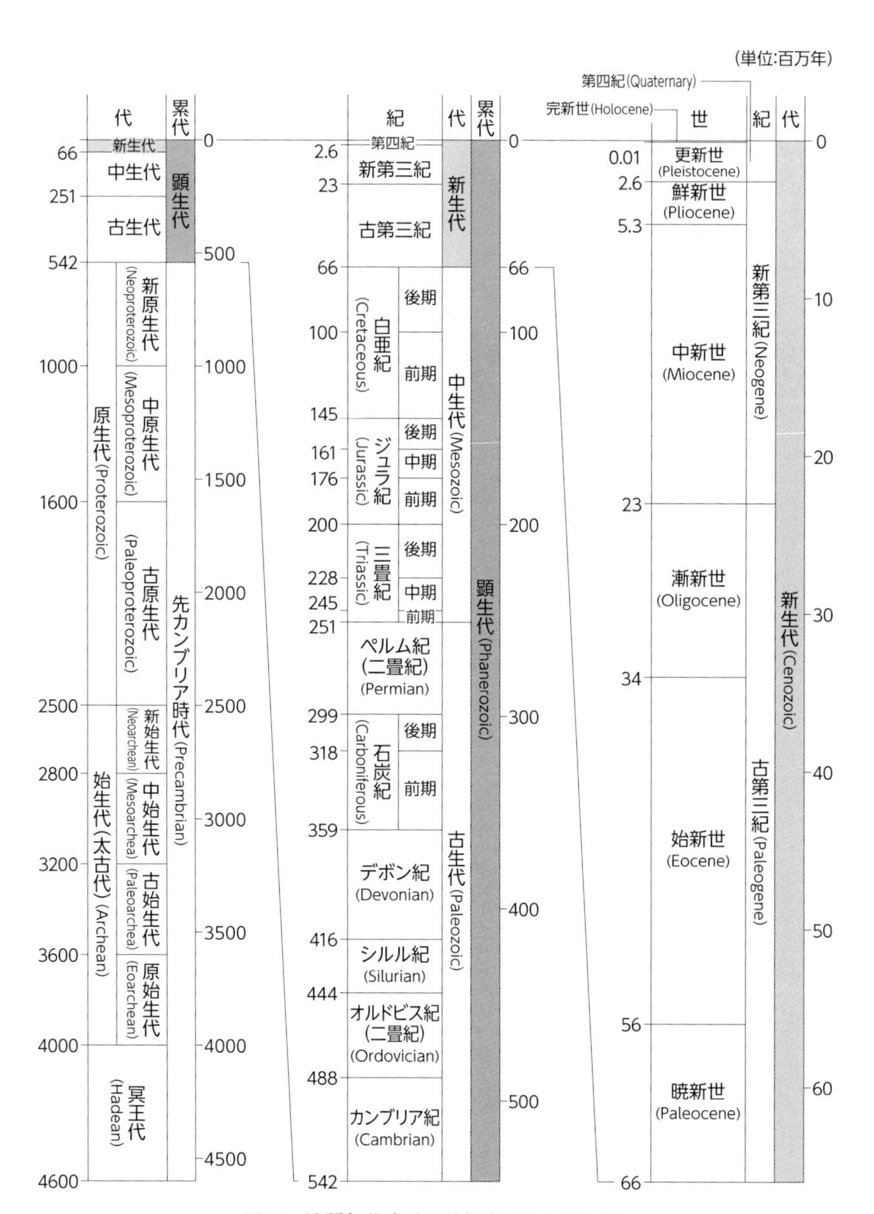

図 7　地質年代表（理科年表をもとに作成）

ロメートルの幅で浅海が、さらにその外側には深海が広がり、海洋底を形成していました。それを現代の科学者たちはイザナギプレートとよんでいます。当時、イザナギプレートは北へと移動していました。

浅海の北の方には北緯44度あたりから35度くらいにかけて、本州中部、中国地方、九州北部の原型となる地層が並んでいました。そして北緯35度付近の九州北部地方の原型の外側には北海道西部、東北日本、西南日本、四国南部、九州中部などの原型が北緯25度付近まで伸びていました。この内側の原型グループは南へ、外側の原型グループは北へと互いにすれ違うように移動していました。その境界は左横ずれの断層で、今日の中央構造線の原型になるのです。

左横ずれ断層運動は続き、およそ7000万年前には北海道の中部や東部を除いて日本列島の大部分は集合し、陸上に姿を現し始めていました。浅海で形成された地層が大陸にくっつくと付加体とよばれます。日本列島の原型はほとんど海の堆積物でできた地層で、アジア大陸にくっついた付加体なのです。日本に広く分布する花崗岩はこの時期のものです。この頃になるとイザナギプレートはアジア大陸の下へ潜り込み始めました。このため、日本列島の原型地域を含めアジア大陸の東縁の沿海州では大規模な火山活動が始まり、巨大なカルデラが形成され、火山噴出物が陸地を広く覆いました。

約2300万年前にはプレートの沈み込みにより付加体が増え陸地が広がりました。日本列島原型の東北日本の東側からサハリンにいたる地域や九州南西部では大森林が茂り、それらが堆積して日本の主要な炭田(たんでん)が形成されました。内陸の朝鮮半島から沿海州にいたる地帯は裂け始め、細長い地溝帯が出現し、巨大な淡水湖も現れました。九州の原型地域の東側海底の高まりとして存在していた現在の伊豆・小笠原弧の原型が分裂を始めました。現在ではその北側が太平洋プレート、南側がフィリピン海プレートとなります。

2000万年前以後、地球は暖かく世界的に海面上昇が起こりました。地溝帯や低地には海水が進入し、日本列島は大小の島が並ぶ多島海となり、アジア大陸とは浅い海で隔てられました。1600万年前、温暖化した日本の内陸地域でも当時の貝の化石が数多く発見されていますが、それらのほとんどは浅海の熱帯から亜熱帯に生育した貝でした。東北地方や北海道でも亜熱帯性の気候でした。

また分裂した伊豆・小笠原弧は北に移動し、現在の四国沖あたりでは海嶺が出現し、四国海盆が形成されつつありました。このためフィリピン海プレートと太平洋プレートの境界は北へ移動しています。

およそ1500万年前になると大陸沿岸の地溝帯はさらに開け、海嶺が現れました。同時に大陸とはますます離れていきました。日本列島のあちこちでは水没が進み、地形の高い部分だけが水面に出ている多島海の姿が鮮明になりました。

この頃の日本列島では現在の関東地方付近までの西南日本と北海道や東北地方の東日本側が、別々に大陸から分離して動いていたことが、岩石に残された当時の古地磁気の記録からわかってきました。東日本側の岩石の古地磁気の北は北西を向き、西南日本側では北東を向いています。それは東日本側が反時計回りに、西南日本側が時計回りに動いたのです。それまではほぼ直線だった日本列島の原型が大きな弓なりに曲げられ、弧状列島が形成されました。その活動が終わる1400万年前頃には日本海の拡大も終わりました。また九州は朝鮮半島と陸続きになりました。

およそ1000万年前、朝鮮半島と陸続きとなった西南日本は大きな島でしたが、東北日本から北海道にかけては多島海で温帯から亜寒帯の貝化石が産出しています。

800万年前になると、ほとんどが海底下にあった東北日本が急激に隆起をして、日本列島はほぼ現在の形に近い、陸と海の分布になりました。北から南へ列島を縦断するように激しい火山活動が起こり、あちこちにカルデラが形成されました。北海道西部と東北日本とは西南日本と現在の関東地方付近でつながって陸続きになり、朝鮮半島など大陸に続いていました。北の方では北海道東部から千島列島にいたる千島弧が西に移動して、サハリンと陸続きだった北海道中部が圧縮され始めました。

500万年前になるとフィリピン海プレートが日本列島の下に沈み込み始めました。フィリピン海プレートの上にあった伊豆・小笠原弧の火山島が日本列島の現在の本州に衝突を始めました。現在の丹沢山地を乗せた地塊で、それによって関東山地が隆起をしました。当時の関東山地は現在よりも高く、

写真 2.1-1　**東京スカイツリーから見た関東平野の末端**

写真 2.1-2　**関東平野の南西端になる相模平野の南端、湘南海岸**

多量の土砂が海底に堆積して、現在の関東平野（**写真 2.1-1、写真 2.1-2**）の原型が形成されました。

この頃、北海道は二つの陸地に分かれていましたが、東北日本に続く島弧に東から千島弧が衝突してきて、深部の地層が押し上げられ、日高山脈が形成されました。

今から 100 万年前頃に本州に衝突したのが現在の伊豆半島です。伊豆半島はかつてはフィリピン海プレートの上に噴出した海底火山でしたが、プレートが日本列島の下に沈み込んだために、日本列島に衝突してしまったと考えられています。

このため赤石山脈や、中央構造線、さらには関東山地が大きく逆 U 字型に曲げられ、糸魚川－静岡構造線が明瞭になりました。フォッサマグナの南部が形作られたのです。この活動によって現在の日本列島がほぼ完成したといえます。南西諸島の琉球弧の西側海底が割れ、沖縄トラフが形成されました。

その後、地球は氷河期に入り、氷期と間氷期がくり返されました。約 1 万 8000 年前の最後の氷期には海水面は現在より 140 メートルほど低かったと推定されています。大陸棚のほとんどが陸地となりました。この頃、氷期には多くの動物たちが大陸と日本の間を移動していました。日本アルプスや日高山脈には氷河が存在していました。

日本列島は第四紀（260 万年前から現在まで）になると、その表面もほぼ現在の形になりました。新第三紀（2300 万年～ 260 万年前）までの地層の多くが海底に堆積した土砂でできていたのに対し、第四紀の地層は陸上に堆積した地層です。第四紀は地殻変動によって岩盤の隆起や沈降が激しくなり、それとともに地形は急傾斜になりました。このような土地では侵食や風化が進み、低地は埋められていきました。関東平野はこの時期に出現したのです（**写真 2.1-1、写真 2.1-2**）。

2.2 海底でできた地層

日本列島を構成する岩石の多くが数億年前には海底で堆積した地層で、その多くがプレート運動で大陸の縁に付着していった付加体とよばれるものであることは前節で述べました。ですから、日本列島の中では高い山にある地層でも貝のような海生動物の化石があるのです。このようなことは日本ばかりでなく、ヒマラヤ山脈の標高6000メートルやヨーロッパのアルプス山脈の標高3000メートルというような高所でも見られます。

中国地方には2億5000万年前の付加体が分布しています。この付加体は海山の上に生じたサンゴ礁が堆積してできた石灰岩質の岩石で、カルシウムが水に溶けやすく、変化に富む地形が生じます。その地形をカルスト地形とよびます。

カルストはこの地形が発達しているスロベニアのカルスト地方に由来しています。ポストイナ鍾乳洞に代表されるシュコツィアン洞窟群が知られていますが、長さ5キロメートルの大洞窟の中には世界最大の地下峡谷や巨大空間などの奇観が広がっています。洞内にはトロッコ列車が設備され、観光客はトロッコに乗って移動するほどです。

山口県のほぼ中央に広がる秋吉台は日本最大のカルスト地形です。北東の方向に16キロメートル、北西の方向に6キロメートルの広がりを有し、台地上の総面積は54平方キロメートル、石灰岩の分布の総面積は93平方キロメートルになります。台地の標高は180～420メートルです(**写真2.2-1、写真2.2-4**)。

石灰岩の割れ目があると、雨水はその割れ目に沿って岩を溶かし始めます。溶ける範囲は少しずつ広がり、広い窪みとなり、やがてすり鉢のような窪みになります。その窪地をドリーネとよびます。しかしその窪地に水は溜まらず、そこから地下へと吸い込まれます。地下へ流れ込んだ水は、石灰岩があればそれをさらに溶かし、大きな空洞をつくり出します。このしくみが鍾乳洞です。

地上には石灰岩が溶食作用を受けてできたすり鉢状の地形(ドリーネ)や、削り取られて羊の背のように丸みを帯びた岩石の羊背岩が並び、白い円形のずんぐりした石柱や時には鋭くとがった石塔が見られます。

秋吉台の地下には多くの洞窟が点在しています。うっかりドリーネの底に行くと、地下の洞窟に落ちるから気をつけろと地元在住の友人から注意されました。秋吉台の洞窟群のうち最大の洞窟が台地の南麓にある秋芳洞（シュウホウドウとよばれることが多いが正式名称はアキヨシドウ）です（**写真 2.2-3**）。

秋芳洞は地下 100 ～ 200 メートルに広がる東洋屈指の大鍾乳洞です。洞口の高さは 24 メートル、幅 8 メートルですぐ近くに滝があることから滝穴とよばれていました。洞内約 1 キロメートルが観光路として公開されています。洞奥の琴ケ淵より洞口まで、約 1 キロメートルの地下川が流れています。琴ケ淵は洞内最大の地底湖で、長さ 60 メートル、幅 15 メートル、深さ 3 メートルです。洞内は 1990 年までに総延長 8850 メートルほど調査され、さらに 2016 年には 1 万 300 メートルまでその調査範囲は伸びました。

洞内は長淵とよばれる幅 15 メートル、長さ 100 メートルの地下川、百枚皿とよばれ棚田のように並ぶ石灰華段、洞内富士とよばれる直径 5 メートルの巨大な石柱は、富士山のようなスロープをつくるなど、見所が次々に現れます。

鍾乳洞の名物は石柱と石筍（せきじゅん）です。天井から滴り落ちる石灰分が付着して一年間での成長速度は数ミリメートルという鍾乳石や石筍ですが、大黒柱は天井からの鍾乳石と地上の石筍がつながり、天井を支えているような巨大な石柱を創出しています（**写真 2.2-2**）。黄金柱（こがねばしら）は秋芳洞のシンボルで、高さ 15 メートルの石柱です。鍾乳石が天井から無数にぶら下がっている傘づくしや五月雨御殿などもあります。

千畳敷は洞内最大の空間で、幅 80 メートル、長さ 175 メートル、高低差 35 メートル、数万年前に生じたと推定される落盤層の上に、観光ルートが通っています。

カルスト地形は岡山県の阿哲台、広島県の帝釈台、さらに九州へ延びて福岡県の平尾台など西日本に点々と分布しています。

写真 2.2-1　**カルスト地形の代表、秋吉台**　中央の窪地はドリーネ。丸みのある石灰岩は羊背岩(ようはいがん)とよばれる

写真 2.2-2　**秋吉台の下に広がる秋芳洞内の名勝、大黒柱**

写真 2.2-3　**秋芳洞入口**

写真 2.2-4　**石灰岩の白さ（羊背岩）とドリーネ（手前から奥に二つ並ぶ窪地）が目立つ秋吉台**

2.3 フォッサマグナ

日本の学問の中でも理学系や工学系の多くの分野は、文明開化の明治時代の初期にヨーロッパやアメリカから招いたお雇い教師とよばれる人たちによって始められました。その中の一人であるナウマン（Heinrich Edmund Naumann）は10年間の日本滞在中、交通の便の悪いことをいとわず全国各地を旅して、日本の地質構造を調べました。1885（明治18）年には日本最初の地質図を作っています。

そのナウマンが注目したのが、中部地方を南北に横断する低地帯でした。長野県付近では西側の北アルプスと東側の関東山地との間に、火山が噴出はしていますが大きな低地になっていると見抜き、その低地をフォッサマグナ（大きな裂け目）と名づけました。日本各地から発見されたゾウの化石は、彼の功績を記念して「ナウマンゾウ」と命名されています。

フォッサマグナが注目を集めるようになったのは、日本列島をプレートテクトニクス理論で考えるようになってからでした。プレートテクトニクス理論が議論されるようになった頃は、日本列島は太平洋プレートとユーラシアプレートの境界であると説明されました。その後、地球表面全体に提唱されていたプレートは細分化され、日本列島付近では4枚のプレートが相接していると考えられるようになりました。そして陸側のプレート境界としてフォッサマグナが注目されるようになったのです。

1500万年前頃、東日本の陸塊と西南日本の陸塊が存在して、別々な動きをしていました。その後、日本列島が現在の形に近づき、二つの陸塊は結合しました。そこへ南から衝突してきたのが丹沢山塊でした。存在していた関東山地は西南日本側の赤石山脈とは分断され、北側に大きく逆U字型に突き出る形になりました。

100万年前には伊豆半島の原型となった地塊が、やはりフィリピン海プレートに乗って本州に衝突し北西方向に亀裂が延び、現在のフォッサマグナの南の部分が形成されました。なお現在、伊豆半島の北側に並ぶ箱根や富士山の誕生はそれからさらに数十万年後の話です。

フォッサマグナの西縁は日本海に面した新潟県糸魚川に川口を持つ姫川沿

いに、北アルプスの東麓(とうろく)を南に延びています（**写真 2.3-1**）。

松本盆地から諏訪盆地を経て、北東側の八ヶ岳連峰と南西側の南アルプスに挟まれた釜無川の源流域を南東方向に進みます。甲府盆地に入った釜無川は、盆地の北東方向から流れてきた笛吹川と合流し、富士川となり、西側の南アルプスと東側の天子山地を流れ、駿河湾に流れ込みます（**写真 2.3-2**）。

フォッサマグナの東縁は、西縁より明らかではありません。新潟、福島、群馬県境に北東から南西に延びる越後山脈から群馬、長野、山梨県境の関東山地あたりだろうと推定されています。越後平野から長野盆地、さらに松本盆地あたりがフォッサマグナの北部から中部あたりに属します。

フォッサマグナの北方向にはユーラシアプレートと北アメリカプレートの明瞭な境界と推定できる線があります。東北日本の日本海海底では、列島にほぼ並行にＭ７クラスの大地震がときどき起きています。南から新潟地震（1964年）、庄内沖地震（1833年）、日本海中部地震（1983年）、北海道南西沖地震（1993年）、積丹半島沖地震（1940年）、サハリン南西沖地震（1971年）など200年間で6回も発生しています。特に観測網が充実してきた20世紀になってからは5回も起きています。このラインを見ていると確かにプレート境界で、その先はフォッサマグナの西縁に続いていると理解できます（**図 8**）。

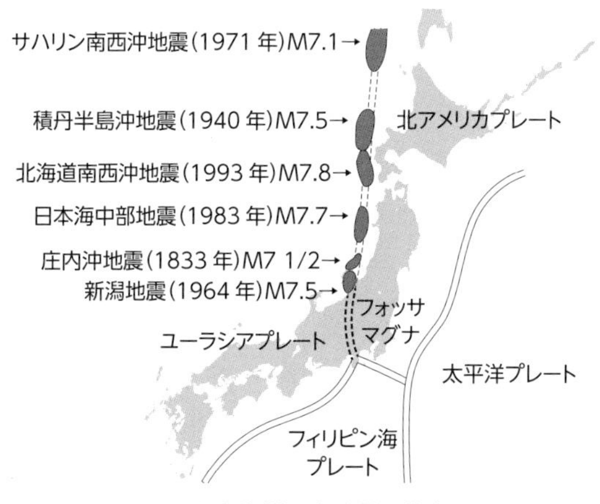

図 8　日本海側の大地震の分布

写真 2.3-1　**北アルプス・後立山連峰**　手前の谷が**フォッサマグナ北部**

写真 2.3-2　**フォッサマグナ南部、山梨県身延町付近の富士川**

JAPANESE
ARCHIPELAGO

第3章

火　山

宮城・山形県境の蔵王山の噴火口は直径 360 メートルで
御釜とよばれる火口湖。五色沼ともいう

3.1 火山帯フロント

日本列島における火山の役割については、いくら語っても語り尽くせないでしょう。まず風光明媚な風景を創出してくれています。山の形ばかりでなく、湖水や滝など、火山の周辺には多くの名勝があります。風景ばかりではありません。火山周辺に湧出する温泉は、古来より日本人にとって、癒しの湯であり、療養の湯でした。火山列島に住む日本人はどれほど火山の恵みを受けてきたか、語り尽くせないでしょう。

恵みを与えてくれる反面、火山は災害も起こします。これまで日本国内で火山噴火によってどれだけの人命が失われ、財産が失われたか、これまた計り知れません。そんな火山ですが、日本人は浅間山の噴火を鎮める神様、浅間神社に代表されるように火山に対し敬意を持って接してきました。

地球科学の各分野は、プレートテクトニクス理論が登場してから互いの現象の関係がよく理解されるように大きく変わってきました。変わってきたというよりは進歩したのですが、その最大の理由は、地球を見る視野が広くなったというべきでしょう。地球を相手にしながら、実は非常に狭い視野で物事を考えていた人たちに大きな反省を与えてくれたのが、プレートテクトニクス理論でしょう。

火山の分野も大きく変化しました。プレートテクトニクス理論登場前の1970年頃まで、日本列島の火山分布は北から千島火山帯、那須火山帯、鳥海火山帯、富士火山帯、乗鞍（のりくら）火山帯、白山（大山）火山帯、九州火山帯と教えられていました。日本の火山はこの火山帯のどこかに属しているのです。それぞれの火山の配置を考え記載、分類をして作り上げた結果です。

プレートテクトニクス理論では地球の表面を大陸が水平方向に動くことが示されました。プレートの湧き出し口である海嶺や沈み込み口の海溝に火山が並んでいることが明らかになりました。日本列島の太平洋側には千島海溝、日本海溝、伊豆・小笠原海溝が並んでいます。これらの海溝は東側から押し寄せてきている太平洋プレートの沈み込み口です。

さらに西日本の太平洋側の遠州灘沖、紀伊半島沖、四国沖から九州東側には南海トラフが位置します。トラフは「細長い海底地形のうち、深さが6

キロメートルを超えないもの」と定義されています。海溝ほどは深くないのですが、細長い窪地が存在しています。南海トラフは南から押し寄せてきたフィリピン海プレートの沈み込みによって形成されています。

日本列島の火山は、どの火山もプレートが地球内部に沈み込むときの摩擦熱によって岩石が溶かされて生じた「マグマ」が噴出したものとされていました。しかし、21世紀に入る頃から、沈み込むプレートに含まれる水によって、マントルの岩石が部分溶融してマグマが生じると考えられるようになりました。海溝に沿って存在する火山列を「火山帯フロント」とよびます（**図1**）。

火山体生成のメカニズムが明らかになってきますと、火山の記載分類という博物学的な手法で考えられた、那須火山帯や富士火山帯というような分類は、意味のないことがわかってきました。そこで現在、日本列島の火山では北海道、東北、関東、中部、伊豆の「東日本火山帯フロント」と、中国地方西部から九州を通り南西諸島に延びる「西日本火山帯フロント」の二つに大別されています。鳥海火山帯、乗鞍火山帯などは完全に死語になりました。

火山学ではもう一つ重要な死語があります。1891年の濃尾地震（M 8.0）を契機に、日本では震災予防調査会が発足し、地震や火山に関しての本格的な研究・調査が始まりました。その調査の一環として同会の会長事務取扱で東京大学教授だった大森房吉が『日本噴火志』（上・下編、震災予防調査会報告）を1918年に出版し、その中で日本の火山を活火山、休火山、死火山と分類していました。活火山は文字通り現在活動している火山で、北海道の有珠山、浅間山、伊豆大島、阿蘇山、桜島などです。休火山は過去にその火山の噴火を人間が確認し、古文書などにも記載されていますが、現在は活動していない火山で、富士山がその代表でした。そして火山であることは間違いありませんが、人間がその活動を見ていない火山は死火山と定義され、二度と噴火は起こらないと考えられていました。箱根山や木曽の御嶽山、乗鞍（のりくら）岳（だけ）などがその例です。

ところが1979年10月28日、死火山としていた御嶽山（おんたけさん）（3067メートル：**写真3.1-1**）が突然噴火を始めて、地元の自治体を始め関係者を驚かせました。特に驚いたのが火山研究者たちでした。死んだと考えられていた火山が、生き返ったのです。大森房吉以来、死火山と定義されていた火山が

写真 3.1-1 御嶽山

噴火したので、多くの火山研究者が「御嶽山」が生き返ったと驚き、そのように説明していました。

しかし、実際には 1962 年に当時の国際火山学協会が出版したカタログには、御嶽山も将来噴火する可能性のある山と定義されていましたので、上記のように記していたのは間違いです。少なくとも私はその間違いを犯していました。

その後も国際火山学協会が発展した「国際火山学及び地球内部化学協会」でも活火山の定義の議論がくり返された結果、「おおむね過去 1 万年以内に噴火した火山及び現在活発な噴気活動のある火山」と定義され、死火山や休火山という言葉は聞かれなくなりました。その結果、日本国内の火山が再調査され、それまでは 20 ～ 30 座程度と考えられていた活火山は 111 座となりました。次節以降で説明する火山もほとんど活火山です。

大森によってまとめられた『日本噴火志』は日本の火山活動を知る基本情報として、火山研究に役立っています。本書で紹介する古い時代の火山噴火のほとんどは『日本噴火志』に記載されています。

写真 3.1-2　浅間山麓・白糸の滝

火山がある地域には「カルデラ」とよばれる大きな窪地があることが多いです。カルデラは一般に噴火口と比べて、その直径は非常に大きく、「爆発カルデラ」と「陥没カルデラ」に大別されます。爆発カルデラは噴火によって山体の一部が飛ばされ、窪地が生じたものです。陥没カルデラは溶岩や火山灰など大量の噴出物によって、火山体内に空洞ができ、上部が陥没して生じた大きな窪地です。

火山の爆発の話では、溶岩流とか火砕流という噴出物の話が出てきます。火山爆発で、火山灰に加え、このような噴出物がある噴火はかなり大きな噴火となります。

火砕流の堆積や流出した溶岩流が止まり、地形に段差ができると滝が出現します。基盤の岩盤とその上の火山噴出物の層との間に伏流水が流れ、崖から幅広く落下しているところがあります。「白糸の滝」(**写真 3.1-2**)(富士山麓、浅間山麓)、「千条(ちすじ)の滝」(箱根山中) などとよばれています。

3.2 東日本火山帯フロント

東日本火山帯フロントは千島海溝、日本海溝、伊豆・小笠原海溝に並列する火山帯フロントで、北海道から東北日本、さらに関東地域で一部は枝分かれして西に延び白山まで、また南に延びた火山列は北緯 25 度付近にまで達しています。

北海道には数多くの火山が点在していますが、その東側から中央にかけては千島火山帯に属すると称せられている知床硫黄山、摩周湖、雌阿寒岳、大雪山、十勝岳などが並びます。その東の延長線上には国後島、択捉島が位置し 10 座以上の活火山が存在していますが、ロシアが実効支配をしている現在、容易に訪れることもできません。そして那須火山帯に属していたのが北から利尻岳、羊蹄山、樽前岳、有珠山、北海道駒ヶ岳、渡島大島などです。

近年の活動でもっとも活発なのは有珠山（737 メートル：**写真 3.2-1**）で新山生成、噴火前避難など数々の話題を残しています。有珠山は洞爺湖を含む洞爺カルデラの南端に位置します。数千年間も活動を休止していましたが、17 世紀に入り活動を再開し 2000 年の噴火まで 8 回の活動を記録しています。このうち 6 回は山頂からの噴火でしたが、1910（明治 43）年と 1943 ～ 45（昭和 18 ～ 20）年の 2 回の噴火は山麓に新山が出現しました。

明治新山（あるいは四十三山（よそみ））と名づけられた新山が出現した噴火は 1910 年 7 月から 100 日間続きました。まず地震が発生し始め、続いて有珠山北麓の洞爺湖との間に、東西約 2 キロメートルの長さに 28 個の噴火口が確認されました。そしてその噴火した地域の中央付近では東西 2700 メートル、幅 600 メートルの地域で土地の隆起が起こり、隆起した地域では火山灰に覆われた老木が倒れることなく立っていました。噴火前は洞爺湖の湖面から 55 メートルの高さだった地点が、噴火後は 210 メートルになり 155 メートルも隆起したのです（**写真 3.2-2**）。しかし溶岩は噴出しませんでした。新山の北側の洞爺湖畔には温泉が湧出しました。現在の洞爺湖温泉です。

明治新山出現の噴火から 33 年後の 1943 年 12 月 28 日、有珠山周辺では地震が起こり始めました。地震の発生は激しくなり、地割れ、土地の隆起などの地表面での変動が続き、噴火が発生しました。有珠山東麓の麦畑の中に溶岩ドームが出現して、高さおよそ400メートルの新山が誕生したのです。「昭和新山」（**写真3.2-3**）と命名されたこの新山創造の活動は1945年9月まで続きました。新山出現の火山活動中は第二次世界大戦末期で日本中が混乱していました。東京大学や北海道大学の研究者たちも噴火が始まったことを耳にしても、現地に赴くこともできない時代でした。そんな折、地元の郵便局長だった三松正夫の創意工夫により、新山の形成が克明にスケッチされ、記録されました。「三松ダイヤグラム」と称されるそのスケッチと日記は火山生成を知る貴重な史料となっています。

明治新山は地面が盛り上がりましたが、マグマは地表に現れませんでした。昭和新山は地表面を破りマグマが地表に現れたのです。現在でも昭和新山からは水蒸気が上がっています。地表に出て70年以上が経過してもなお噴出したマグマ（溶岩）は冷えず、高熱を保ち続けているのです。

2000年3月27日、有珠山周辺で地震が頻発し、29日には一日628回に達しました。付近の自治体は住民に避難指示を出し、およそ9500人が避難をしました。避難指示地域から全住民の避難が完了した後の3月31日13時7分頃、西側山麓から噴火が始まりました。噴火は次第に激しくなり、地殻変動も現れ始めました。標高70メートルほどの明治新山型の溶岩ドームが生まれ、道路や家屋に被害が出ました（**写真3.2-4**）。

防災目的で日本の活動的な火山では「防災マップ」の作成が、国から奨励されていました。有珠山周辺の自治体も素早く反応し、「有珠山火山防災マップ」も作られていました。したがって日頃から噴火災害に関する啓蒙や広報活動がなされており、有珠山の特徴である「火山性群発地震の発生→噴火発生」を理解している住民は、避難指示に対しても混乱なく対応したのです。おそらく世界で初めて噴火の前に避難指示が出され、避難終了後に噴火が始まり、人身災害が起こらなかった例です。

有珠山の北35キロメートルに位置するのが羊蹄山（ようていざん）（マッカリヌプリ：1898メートル）です。「蝦夷富士」とよばれ均整がとれて美しい成層火山は「北の貴婦人」の別称もあります。日本列島内には数々の「○○富士」とよばれる山が存在しますが、私は羊蹄山が一番美しく、富士山に似ていると

写真 3.2-1 **有珠山と昭和新山**（右端）

写真 3.2-2 **洞爺湖と有珠山** 手前は 1910（明治 43）年に出現した明治新山（四十三山）

写真 3.2-3　**昭和新山**

写真 3.2-4　**有珠山 2000 年の噴火**　湖畔中央の白い部分が洞爺湖温泉

思います（**写真 5.4-1**）。羊蹄山の西北西 15 キロメートルにはニセコの活火山イワオヌプリ（1116 メートル）や山麓から頂上付近にまでスキーリフトやロープウェイが架かり、ウィンタースポーツの一大リゾート地の中心をなすニセコアンヌプリなどが並んでいます。羊蹄山もイワオアンヌプリも噴火の記録はありませんが活火山と定義されています。

本州最北端の活火山の青森県下北半島の霊場である恐山（おそれざん）（878 メートル：**写真 3.2-5**）に噴火記録はありません。陸奥湾の南に位置する八甲田山は最高峰の大岳（1585 メートル）付近には噴気孔があり 13 ～ 14 世紀に 1 回、15 ～ 17 世紀に 2 回水蒸気爆発が起こったとの記録がありますが、『理科年表』には記載されていません。

JR 新青森駅から東北新幹線に乗車して東京に向かうときは、車窓の右側に現れる 15 座以上の火山を堪能できます。奥羽山脈は総延長 450 キロメートルの日本列島最長の山脈ですが、そこに連なる火山はそれぞれが地元の名山です。左手に陸奥湾、右側に八甲田連峰を眺めながら列車は盛岡に向かいます。一度離れた山々は盛岡に近づくとともに車窓近くになり、八幡平（はちまんたい）（1613 メートル）、岩手山（2038 メートル）、秋田駒ヶ岳（1637 メートル）が並んでいます。一関付近では栗駒山（1626 メートル）が、仙台平野を過ぎる頃には蔵王山（1841 メートル）が見えます。

福島県に入ると吾妻山（2035 メートル）や安達太良山（1700 メートル）が並び、さらに頂上がピラミッド型に尖った磐梯山（1816 メートル）の特徴ある姿が見えるでしょう。栃木県に入ると那須岳（1915 メートル）、さらに日光の山々が望見できます。

この奥羽山脈の火山列の西側の出羽山地には、津軽富士の異名を持つ岩木山（1625 メートル）、出羽富士の鳥海山（2236 メートル）などが並びます。北海道の渡島大島から続く鳥海火山帯に属すると考えられていた山々です。

岩手山は南部富士とか岩手富士とよばれている成層火山です。噴火が確実に古文書に現れるのは 17 世紀になってからですが、1732 年には北東山腹の標高 1100 メートルの地点から噴火、溶岩が流れ出しました。このときの溶岩流は現在「焼走り熔岩流」とよばれています。20 世紀後半には、ときどき地震が群発していました。

1997年から地震活動、火山性微動、地殻変動などが発生し続け、2002年から2003年にはその活動はピークに達しました。これらの活動は噴火の前兆と考えられる現象でしたが、噴火にはいたっていません。火山噴火を予測する難しさを研究者に知らせた出来事でした。

「会津富士」とも称せられる磐梯山の1888年の噴火は、日本の火山災害史上でも記録に残る大異変が発生しました。同年7月磐梯山周辺では弱い地震が起こり始めました。15日午前7時頃から鳴動が始まり、強い地震が起こるようになりました。7時45分頃、大音響とともに爆発が発生し、短い時間の間に爆発は10数回くり返され、山体崩壊が起こりました。爆発音は50～100キロメートル離れたところでも聞こえ、降灰は70キロメートル離れた太平洋沿岸でも認められました。

小磐梯とよばれていた火口を取り囲む一つのピークの北半分が崩壊し、山頂は165メートル低くなりました。爆裂火口は北方に開き、東西2.2キロメートル、南北2キロメートルの馬蹄形の爆発カルデラが生じ、山の形が変わってしまいました。崩壊した山体は大規模な岩屑（がんせつ）なだれとなって北側斜面を流れ下り、山麓の5村11部落を埋め尽くしました。犠牲者は460人以上、家屋、山林、耕地もほぼ全滅する大惨事となりました。

岩屑なだれは河川をせき止め、上流の水位は上昇し、湖沼となり、数年後には現在の桧原湖、小野川湖、秋元湖、五色沼などが誕生しました。五色沼は岩屑なだれの堆積物の上に生じたものです。現在はこの地域一帯は「裏磐梯」とよばれ、一大観光地になっていますが、その景勝地の下には尊い犠牲が今も眠っているのです（**写真3.2-6**）。

2000年頃、磐梯山周辺で地震が発生し始めました。火山性微動も観測されるようになり、噴火の前兆とされ登山禁止になりました。まもなく予測された噴火は起こらず、前兆的な活動も終息しました。岩手山と同じように、噴火は起こりませんでした。

関東地方に入ると東日本火山帯フロントは、そのまま南に延びて伊豆・小笠原弧に続きますが、一部は西に延び中央日本に火山が分布しています。本来はフィリピン海プレートが南から沈み込んでいる地域ですが、太平洋プレートはその下に沈み込んでいると考えられます。

写真 3.2-5 **恐山の宇曽利山湖と噴気地帯**

写真 3.2-6 **磐梯山と五色沼**

3.3　日本列島にぶつかった伊豆半島

現在の伊豆半島が本州に直接ぶつかったわけではありませんが、1.1 節で述べたように、およそ 100 万年前に、フィリピン海プレート上に存在していた海底火山群が、プレートが本州の下に沈み込んでいるため、本州に近づき、ついには衝突したと考えられています。

この衝突によって、その前面にあった地層が本州への付加体となりましたが、その東の部分は現在の丹沢山塊と箱根火山の間にある標高 400 ～ 600 メートルの丘陵が並ぶ足柄山地です。その西の部分は箱根火山、富士火山の噴出で、跡形もありません。

伊豆・小笠原弧が現れたのはおよそ 2000 万年前頃ですが、伊豆半島の骨格の地層もその頃にできたものです。衝突により海底火山群は地上に現れ、地上での火山噴火が始まりました。天城火山、達磨火山などが誕生し、歌にもなっている浄蓮の滝など、伊豆の名勝が創出されていきました。これらの活動は 20 万年前には終わりました。その後は一度の噴火で活動をしなくなる単成火山の活動が続き現在にいたり、今日見られる伊豆半島の姿になりました。現在、大室山、小室山など陸上には約 60 座の火山（噴火口）が確認されており、伊豆東部火山群と称せられています。

静岡県伊東市ではしばしば群発地震が観測されていますが、1989 年 7 月 13 日に沖合 3 キロメートルの手石海丘（海面下 118 メートル）で海底噴火が発生しています。伊豆東部火山群の活動の一つです。

伊豆半島の衝突した前面に生じたのが箱根火山です。箱根火山は 65 万年前から 40 万年前の間に、現在の箱根山地域のあちこちで穏やかな噴火活動が起こり、多くの中・小の火山が出現しました。現在の外輪山はこの時代の噴火によって形成されました。北の金時山、南の湯河原の幕山などは、この時代に生じました。

25 万年前から 6 万年前頃まで、箱根山は爆発的な噴火をくり返しました。多量の溶岩や火砕流、さらには火砕物が噴出しました。その結果、山体群の中央に陥没が生じ、カルデラが形成されました。このカルデラの中には小涌谷付近の浅間山や鷹巣山などが、13 万年前から 8 万年前頃までの間に噴出しました。これらは前期中央火口丘とよばれています。現在のカルデラは南北 12 キロメートル、東西 8 キロメートルの楕円形ですが、この時代のカルデラはもっと小さかったと推定されています。そして箱根の火山活動は現在の姿が創造される最後の段階に入りました。カルデラ内でくり返されていた爆発的な噴火は次第に少なくなり、4 万年前頃から 5000 年前頃までの間に、溶岩が噴出する噴火が続発しました。その結果、現在の中央火口丘の駒ケ岳、神山、二子山などの小さな成層火山や溶岩円頂丘が形成され、後期中央火口丘とよばれています。

約 3000 年前に神山の北斜面で大規模な水蒸気爆発が発生し、現在の大涌谷が出現したのです。このときの山崩れの土砂は西に流れ、仙石原を横切るように堆積して、早川の上流をせき止めました。その結果、芦ノ湖が生まれたのです。芦ノ湖の南東岸の箱根神社の近くには当時の杉の木がそのまま残っています。この芦ノ湖の出現によって、ようやく現在見られる大観光地「箱根」が創出されました（**写真 3.3-1**）。

最後の噴火が 3000 年前頃（『理科年表』には 21 世紀に入り、「12 ～ 13 世紀に 3 回噴火」と記載されるようになった）で、人類はその噴火を確認していないので「死火山」と定義されていましたが、現在は活火山です。近年の箱根ではときどき地震が頻発して、話題になります。観光用に架けられ、大涌谷の上を通るロープウェイが、噴火の可能性があるという火山情報で長い間運転を停止することもあります。

時には大涌谷の噴気孔から噴出物が飛んだから噴火だと報道されることもあります。大発見か大きな出来事のように報じられますが、そのような現象は学問的には噴火とよべるかもしれませんが、一般に想像される噴火とは全く比較にならない、小規模な現象です。現在の箱根は観測網が整備された結果、火山活動の監視も進みましたので、今まででしたら気がつかれなかった現象が記録できたにすぎません。観測者も報道するメディアも考えなければいけない問題だと思います。

箱根火山の西北西 30 キロメートルに噴出したのが富士火山です（**写真 3.3-2**）。富士山の美しい山体は、8 万年前から始まった噴火活動によって、1 万年前までに現在の姿が創造されました。それ以前の数十万年間、活動していた小御岳とよばれる古い火山体があり、その上に形成されたのが現在の富士山です。数百年間隔で激しい噴火活動をくり返し、大量の灰や礫（れき）を噴出させ、溶岩が流出し、日本一の高さの成層火山に成長したのです。遠目には世界一端麗、秀麗な富士山ですが、近めにはかなり多くの凹凸が並びます。特に山麓には数多くの火口丘が存在し、その活動の歴史を無言で語ってくれています。

研究者たちは約1万年前までに形成された火山を「古富士火山」、1万年以後の火山を「新富士火山」とよびます。古富士火山の噴火が山頂火口からだけだったのに対し、新富士火山の活動は山頂火口からの火山灰、火山礫、溶岩流の噴出に加え、側火口からの噴火も始まりました。特に1万1000年前から8000年前の大量の溶岩の流出によって、山体および山麓のほとんどが埋め尽くされ、ほぼ現在見られる形が形成されました。

富士山の山体は直径50キロメートル、体積が1400立方キロメートルで、東斜面がややなだらかです。富士山付近は偏西風が激しく吹きますので、噴出物が東側に飛ばされ堆積した結果です。周辺にはおよそ100個の側火口が点在しています。

歴史時代に入っても、富士山は20回以上の噴火をくり返しています。もっとも古い噴火記録は781年です。

山部赤人（やまべのあかひと）の名歌

「田子の浦ゆ　うち出でてみれば　真白にそ
不尽の高嶺に　雪は降りける」

は、この噴火の前に詠まれたのです（不尽＝富士山）。この表現からは火山活動の様子は伝わってきませんが、山頂から噴煙が立ち昇ることはあっても、全体としては静かな状態であったと想像できます。

800～801年の噴火では降灰のため、当時の都から東国への幹線道路だった神奈川県北西部の足柄路が埋没しましたが、翌年には、新しく箱根路が開通しています。幹線道路を大至急開いたという感じです。

864～865年、北西山麓から噴火し、多量の灰が噴出しました。そして

写真 3.3-1 **箱根カルデラ** 北西側から見た芦ノ湖と二子山と中央火口丘の一つ駒ヶ岳

写真 3.3-2 **北側、山中湖から見た富士山**

写真 3.3-3 **富士山北側山麓の青木ヶ原樹海** 溶岩原のため根が地中まで延びない

写真 3.3-4 **富士山白糸の滝**

長尾山付近から溶岩が流れ出し、山頂の火口からは北西方向に 16 キロメートルも離れている本栖湖に達しています。さらに北への流れは「せの海」を「精進湖」と「西湖」に分断し、「富士五湖」が創造されました。北東への溶岩流は現在の富士登山口の一つ、吉田付近へ達し人家が埋没する被害が出ています。

長尾山は標高 1424 メートル、火口からは北西に約 9 キロメートル、精進口登山道の 1 合目付近です。その南に広がる「青木ヶ原樹海」はこのときの溶岩流の上に 1000 年の歳月を要して回復した植生です（**写真 3.3-3**）。樹海とはいっても溶岩原ですから土はなく、溶岩の上を這うように太い根が広がり、溶岩の上に生長しているコケ類の群落が大木に栄養を補給しています。氷穴、風穴などの名称で、「溶岩トンネル」が数多く残っています。「鳴沢の溶岩樹形」もこのときの噴火で生じたものです。

8 世紀の後半から 11 世紀の 300 年間、富士山は活発に活動していました。1020 ～ 1060 年頃に書かれた平安時代の紀行文学の出色とされている『更級日記』には

『山のいただきの少し平らぎたるより、煙は立ち上る。
夕暮は火の燃えたつも見ゆ。』

とあります。山頂から噴煙が出ているだけでなく、日が暮れると山頂付近で「火が燃えたつ」と多分赤く見えたのでしょう。火口内には溶岩が充満し「火映現象」が見られたと推測できます。富士山は 1033 年、1083 年にも噴火し、『更級日記』の記述とも符合します。

鎌倉時代の紀行文の『海道記』は 1223 年に書かれていますが

『富士の山を見れば、…（中略）…温泉、
頂に沸して細煙かすかに立ち、（以下略）』

とあります。1100 年代、1200 年代に富士山が噴火した記録はないので、300 年間活動期を経た後、13 世紀頃になってもまだ噴煙が出ていたことを

示しています。

同じく鎌倉時代の紀行文の『十六夜日記』にも

『富士の山を見れば煙もたゝず。むかし、父の朝臣にさそはれて、
…（中略）…とほつあふみの國までは見しかば、「富士のけぶりの末も、
あさゆふたしかに見えしものを、いつの年よりか絶えし」と問へば、
さだかにこたふる人だになし。』

とあります。著者の阿仏尼は父から富士山の煙のことは聞いていたのでしょうが、晩年の1279年の京都から鎌倉への道中では煙は見えず、いつから出なくなったかと聞いても答えられる人はいなかったというのです。

これらの紀行文から、13世紀前半には煙が立っており、後半には見えなかったことから、富士山の煙が途絶えたのは13世紀中頃であろうと推測できます。それから17世紀までは目立った活動は記録されていませんが、1707年になって大噴火が起こりました。1707（宝永4）年12月15日から富士山周辺で地震が起こり始め、16日の朝、南東斜面で爆発が起こり、黒煙が上がり、噴石が飛び、火山雷が発生しました。灰や砂は東に流れその日のうちに江戸にも達し、川崎では灰は5センチメートルの厚さに積もりました。月末には噴火は次第に弱まりました。

爆発した場所を現在は「宝永火口」とよび、その北東側に火砕丘が出現し宝永山（2693メートル）と称されています。この宝永山の出現で南側や北側からも対称的に見えていた富士山は、山腹に突起が見られるようになりました。東側から、つまりJR三島駅あたりから見ると宝永火口が口を開いています（**写真3.3-5**）。

日本の浮世絵を世界の浮世絵と認めさせ、江戸時代に多くの版画を残している葛飾北斎（1760～1849）や歌川広重（1797～1858）はそれぞれ、富士山を画題にした多くの作品を残しています。その「冨嶽三十六景」を見ても、どの富士山にも煙は見えません。宝永の噴火から数十年が過ぎていましたが、北斎、広重が見た富士山は、現在と同じように煙を立ち昇らせていなかったのでしょう。

写真 3.3-5　**東側から見た富士山**　中央は宝永火口とその手前が宝永山

写真 3.3-6　**伊豆大島**　黒く見えるのは三原山山頂カルデラから流れ出した溶岩

写真 3.3-7　中央火口から噴煙を上げる三宅島

現在は富士山周辺にも地震計などの観測機器が置かれ、その火山活動は科学の目で監視されています。

東日本火山帯フロントは伊豆半島から南に延び、伊豆諸島から小笠原諸島に続きます。伊豆諸島から南では鳥島や西之島のほか、岩礁や海底火山が続き、北緯 24 度付近の南硫黄島および近くの海底火山が最南端です。海面上の活火山の最南端は北緯 24.7 度付近の硫黄島です。

伊豆諸島最北端の大島は北北西－南南東 13 キロメートル、東北東－西南西 9 キロメートルの頂上部にカルデラと中央火口丘の三原山(758 メートル)がある成層火山です（**写真 3.3-6**）。数万年前から活動を始め、山頂のカルデラのほか、北北西－南南東方向に沿った割れ目から形成された側火口が多数並んでいます。山頂へのカルデラの形成は 7 世紀で、以後噴火が起こると溶岩はカルデラ床を埋め尽くし、さらに外輪山の外にあふれ出て、山麓へと流れ下っています。

伊豆大島の山頂火口内には灼熱の溶岩が存在する溶岩湖がしばしば現れるのが一つの大きな特徴です。溶岩湖は流れやすい玄武岩質溶岩の流出で形成されます。ハワイの火山が流れやすい溶岩と溶岩湖の出現で知られていますが、日本では伊豆大島で同じような現象が見られることで知られています。溶岩の温度は1000～1100℃程度で、明るい昼間は表面が黒く見えますが、その黒い表面にはいくつかの赤くて細い筋が見られます。夜間には表面も赤く見え、周辺の山や雲に反射して、山麓から見ると山頂付近がボーッと赤く見えます。火映現象ですが伊豆大島では「御神火（ごじんか）」とよんでいます。

伊豆大島は1986年11月12日、1974年以来の噴火を開始しました。12月まで続いたこのときの噴火活動は、リアルタイムで現場からテレビ放映されましたが、日本では初めての「火山噴火の実況中継」となり、茶の間に「火山噴火」を届けました。翌1987年にも噴火が起こり、山頂付近に直径350～400メートル、深さ150メートルの中央火口が再現されました。その後もときどき地震が群発したり、小規模な噴火が起こったり、火山活動が続いています。

伊豆七島の中で大島とともに活発に活動しているのが三宅島（775メートル）で直径は8キロメートル、ほぼ円形の成層火山です（**写真3.3-7**）。頂上には直径3.5キロメートルの外側カルデラがあり、その内側に2000年の噴火で生じた直径1.6キロメートルの内側カルデラがあります。山頂カルデラ内の火口のほか、山腹の側火口、海岸近くにも水蒸気爆発による爆裂火口などが数多く点在しています。約7000年前以降の火山堆積物の調査は進んでいますが、それ以前の得られる資料は少なく未解明です。

最近500年間では17～69年間の間隔、平均すると50年に1回程度の割合で噴火がくり返され、その度に2000～3000万トンの噴出物を放出しています。山頂ばかりでなく、山腹、山麓と島内のいたるところから噴火が起こっているのが、三宅島の火山噴火の特徴です。

2000年6月から始まった噴火はこれまでとは様相を異にしました。地震の頻発に続き、西側の海域に変色が見られ、海底噴火を予想させましたが、7月8日に山頂直下から噴火が始まりました。噴煙の高さは1万4000メートルにまで達しました。低温の火砕流も発生、さらには雨により堆積していた火山灰が泥流となって流れ下りました。

9月には大規模な噴火活動はほぼ終息しましたが、その後は大量の火山ガスが山頂から放出されるようになりました。火山ガス成分は二酸化硫黄（亜硫酸ガス）で、人体には有害です。10月頃までに1日に2万～5万トンが放出されていました。

9月1日に、三宅島村は全島民を島外に避難させることを決定し、9月2～4日に、島民3853名、世帯数1972が本土に避難しました。その避難生活は火山ガスの心配がなくなった2005年2月まで続きました。

三宅島の南180キロメートルのところに青ヶ島があります。1785年の噴火で130余人が死亡し、生き残った人は北へ60キロメートルほどの八丈島へ避難しました。その後50年間は無人島でしたが、現在は170余名が住んでいます。

青ヶ島の南70キロメートルから、ベヨネーズ列岩、須美寿島、明神礁など、海底火山の頂上部が海面上に突き出た岩礁が並びます。1952年、海上保安庁水路部の調査船「第5海洋丸」が、明神礁の火山活動を調査中に爆発が起こり、31人全員が殉職しています。

東京から南へ980キロメートルのところに無人島の西之島があります。当時の西之島は長径が南北に650メートル、幅に東西に100メートルの海底火山の頂上部が突き出た平坦な地形の島でした。1973年にそこから600メートル東の海底で噴火が始まり、7月11日には新島が出現していることが確認されました。新しい島は溶岩流を噴出し成長を続け、1974年7月には旧島とつながり、総面積はおよそ0.25平方キロメートル、海底火山の頂上部が海上に出た形になりました。

2000年になって再び活動が始まり、2020年には西之島が日本でもっとも活動を続けている火山です。島の面積はおよそ4平方キロメートルまで拡大しています。現在日本で自然に領土が拡大している唯一の場所です。

西之島の南にも7つの海底火山が並び、ときどき噴火がくり返されています。

3.4 中央日本の火山帯

東北日本から南下してきた東日本火山帯フロントは、関東地方に入ると、伊豆半島付近から伊豆・小笠原弧へと続きましたが、その北側では西に延び石川－岐阜の県境の白山まで枝分かれをしていると考えられています。この地域は古い火山学では那須火山帯、富士火山帯、乗鞍火山帯、白山（大山）火山帯が並ぶ複雑な火山配列になっていました。2枚のプレートが重なって沈み込んでいる地域と考えると説明がつくでしょう。

赤城山、「榛名富士」の異名を持つ榛名山、草津白根山などの群馬県の火山では、近年は草津白根山（2171メートル）の活動が活発で、2019年の噴火では犠牲者も出ています。榛名山の6世紀後半に発生した噴火で、埋没した村落の発掘調査が1980年代に行われました。群馬県の榛名山北東に位置する黒井峯遺跡は東を流れる利根川と南を流れる吾妻川の河岸段丘に位置する遺跡です。すっぽりと厚い軽石層に埋まった集落の発掘で、1500年前の人々の暮らしが現れました。一部には「日本のポンペイ」と評価され、報道されています。

新潟県の「北信五岳」の中でただ一つの活火山で「越後富士」ともよばれる妙高山は有史以後の活動は記録されていません。新潟焼山（2400メートル）は1974年の水蒸気爆発の噴石で3人の登山者が犠牲になりました。八ヶ岳連峰の横岳（2829メートル）は連峰唯一の活火山で、八ヶ岳連峰が火山であったことを示しています。

しかし、これらの火山の中でも格段の知名度を誇るのが、長野－群馬県境に位置する浅間山（**写真3.4-1**）でしょう。約10万年前から噴火をくり返し、複雑な形成史を有しています。現在、噴火活動の中心となっている山頂釜山火口（2568メートル）は直径約500メートル、深さ200メートルの大きさです（**写真3.4-2**）。1910年頃には火口の縁を越えそうなレベルまで溶岩で満たされたことがあります。

1910年の有珠山の噴火活動で地震と火山噴火の関係を知った文部省所管の震災予防調査会が、1911年から地元の要望も入れて観測点を設け、地震観測を始めました。その後この観測は施設や機材も充実させ、1933年に東

写真 3.4-1　**浅間山**

写真 3.4-2　**浅間山山頂釜山火口**

京帝国大学地震研究所（現：東京大学地震研究所）に寄付され、以後今日まで地震研究所の浅間火山観測所として、浅間火山研究の場となっています。浅間山は昭和になってもしばしば噴火をくり返していますが、史上最大の災害をもたらしたのが1783（天明3）年の噴火です。

「天明の大噴火」とよばれるこの噴火は5月9日から始まり、8月初旬に火砕流や溶岩流が噴出してようやく終息しました。頂上から北北東4キロメートル地点を中心に広がる「鬼押し出しの溶岩」は現在では浅間観光の一つのスポットになっていますが、このときの溶岩流です。

8月4日、噴火活動は最盛期に達しました。まず吾妻火砕流とよばれている火砕流が発生し、北側の火口壁から山麓へと流れ下りました。続いて翌5日10時頃、大爆発が起こって鎌原火砕流が発生し、溶岩の流出が続きました。鎌原火砕流は鎌原熱雲ともよばれ、北東7キロメートルの鎌原村を襲いました。その襲来をまともに受けた吾妻郡鎌原村は、総人口597名のうち死者が466人に達しました。村全体が大熱泥流の下に埋没してしまい、助かったのは小高い丘の上にある観音堂に逃げた人たちだけでした。

現在この観音堂への石段は15段ほどですが、1979年に行われた発掘調査では、少なくとも50段あったことが確認されました。また観音堂に逃げた人たちの間で、当時、ある農家のお嫁さんが姑さんを背負って観音堂に逃げたはずと語られていましたが、そのときの発掘で階段の途中で2体の遺体を収容しました。

地中の村と化した鎌原村の発掘では、埋没した家屋から多くの建築用材や生活用品を発見しました。村全体の罹災状況が明らかになり、埋没した村の生活とその文化の一端を垣間見ることができました。

埋没した鎌原村が発掘調査されたとき、一部メディアは「日本のポンペイ」と報道しました。イタリアのポンペイ遺跡はベスビオ火山の紀元79年の噴火で、地下に埋まった古代都市でした。17世紀から発掘調査がなされ、現在も継続中です。鎌原村の発掘や前述の群馬県の黒井峯遺跡の発掘とはスケールが違います。天明の噴火で埋没した鎌原村の発掘も当時の姿を知る貴重な作業であることは間違いありませんが、いたずらに外国の例を持ち出さず、鎌原の発掘はあくまで鎌原を知る目的ですから、黒井峯遺跡ともどもいたずらに「日本のポンペイ」などと宣伝しないで、それぞれの特徴を強調した方がよいと考えます。

鎌原村を襲った鎌原火砕流はさらに吾妻川に流れ込み、一時的にせき止めました。このせき止められた湖はすぐ決壊し大洪水を起こし、そのため吾妻川沿いの村落では大被害を受け、流失家屋は1000戸を超えました。

吾妻川流域や下流の利根川流域にも多くの死体や家財道具、家畜の死骸などが流れ着きました。流域のあちこちに流死人の供養碑や記念碑が建てられています。多くの遺体が打ち上げられた東京都の江戸川河口近く、また最遠方では千葉県銚子市にも供養碑が建てられ被害の大きさを示しています。天明の大噴火による被害の様子は多くの古文書、災害絵図などに残され、現在に語り継がれています。

北アルプスで唯一活動している火山が焼岳（2455メートル:**写真3.4-3**）です。焼岳の北東側には日本でも最高の山岳美を誇る上高地がありますが、その創造については4.3節（105ページ）でくわしく述べます。焼岳は有史以降もときどき小さな噴火をくり返していました。1915(大正4)年2月、焼岳では降灰を伴う噴火が起こりました。その後地震が群発して、6月6日には山頂にある溶岩ドームの東側の標高1900メートル付近の台地から山頂東側に達する長さ1キロメートルの大亀裂が生じ、その底部からも噴火が発生しました。

噴火によって発生した泥流は梓川の清流をせき止め、大きな池が出現しました。大正池です。近年は数が少なくなりましたが水面には立ち枯れた木が並ぶ美しい景観が創出されました。

乗鞍岳（3026メートル）は北アルプスの南端に位置し、山頂付近には最高峰の剣ヶ峰、富士見岳、摩利支天岳などの溶岩ドームが並び、火口湖も点在します。標高2702メートルの畳平まで観光道路が通り、多くの観光客が訪れています。有史以来、噴火の記録はありません。

乗鞍岳の南およそ20キロメートルの長野－岐阜県境の御嶽山（**写真3.4-4**）は、すでに述べたように「死火山」から生き返った山です。1979年の噴火後、山体周辺には地震計も置かれ、監視体制が整いました。1991年、2007年にも小さな噴火が起こりました。それぞれの噴火の1か月前頃から、

写真 3.4-3　焼岳と池の中に立木の残る大正池

ときどき地震が一日に数十回起こることがありました。

2017年9月にも噴火が起こり、登山者50余人が犠牲になる大惨事となりました。このときも8月から地震が起こっていたのですが、特別な注意報は出されず、噴火の発生になりました。関係者は2回の前例があるので、私はもう少し親切な情報発信がなされていたら、これほどの惨事にはならなかったと考えています。

北アルプス立山の西側に広がる弥陀ヶ原（2621メートル）にはカルデラ地形が残ります。立山は活火山ではありませんが、西側の室堂には火口湖のミクリガ池やみくりが池温泉があり、地獄谷からは現在でも轟音を立てて蒸気が噴出しています。

白山三峰の1つ、御前峰（2702メートル）も17世紀以後は噴火活動が認められません。溶岩円頂丘や火砕丘などいろいろな火山地形が併存しています。最高峰の御前峰を中心に山頂付近には翠ヶ池など7つの火口湖が並んでいます。

写真 3.4-4　**御嶽山二ノ池から見る剣ヶ峰（中央部）**

写真 3.4-5　**立山西麓室堂にある火口湖のミクリガ池**

3.5 西日本火山帯フロント

フィリピン海プレートの沈み込みによって形成されている西日本火山帯フロントの北の端は中国地方の三瓶山や阿武火山群です。火山がほとんどない近畿・中国・四国地方ですが、その中でただ二つの活火山が島根県の三瓶山と山口県の笠山を含む阿武火山群です。鳥取県の大山(だいせん)（1729 メートル：**写真 3.5-1**）は活火山に分類されていましたが、最後の噴火が 2 万年くらい前と推定され、活火山の定義から外されました。

そんな中で興味深い地域が「大山隠岐国立公園」です。この国立公園は大山とその周辺の山々からなる大山蒜山(だいせんひるぜん)地域、隠岐諸島、島根半島、三瓶山周辺の 4 地域で構成され、島根半島を除く三地域が火山です。そしてこの地域は第 9 章（213 ページ）で述べる出雲神話の舞台です。

大山は鳥取県西部に位置し、東西 35 キロメートル、南北 30 キロメートルの成層火山の頂上や周辺に溶岩円頂丘や火砕丘が並ぶ複成火山です。この火山活動は 100 万年前に始まり、50 万年前頃までには、蒜山高原が形成されていました。

30 万年前から 20 万年前には火砕流や火山砕屑物の噴出がくり返され、次第に成層火山が形成されていきました。最高峰は剣ヶ峰(けんがみね)（1729 メートル）ですが、それに続く弥山(みせん)（1709 メートル）は 1 万 7000 年前に噴出した溶岩円頂丘です。

大山の特徴は山体の中央部では一般に急斜面であるのに対し、山麓では相対的に緩やかな斜面を形成しています。中心部は溶岩流や溶岩円頂丘で構成されているのに対し、広大な裾野はほとんど火砕流堆積物や降下火砕流が分布しているからです。東麓から北麓には火山噴出物が形成した扇状地が広がっています（**写真 3.5-1**）。

隠岐の島は四つの大きな島からなり、知夫里島(ちぶりとう)、西ノ島、中ノ島の三島を「島前(どうぜん)」、北にありもっとも大きな島を「島後(どうご)」とよんでいます。島前も島後も玄武岩質の溶岩流の噴出によって形成されています。西ノ島の焼火山(たくひやま)（451 メートル）を囲む別府湾、赤灘の瀬戸、浦郷港はカルデラです。

どの島の海岸線もほとんど切り立った断崖で、変化に富む景観を呈しています。柱状節理がよく見られ、火山作用によってできたことを示しています。

三瓶山（1126 メートル）は島根県中部に位置し、約 10 万年前からの火山活動によって形成されました。主峰の男三瓶（親三瓶）を中心に女三瓶、子三瓶、孫三瓶に火口跡がありカルデラの室の内を囲むように連なっています。「〇三瓶」とよばれるそれぞれは溶岩円頂丘です（**写真 3.5-2**）。4500 年前、3600 年前、それ以降で時期が不明の少なくとも 3 回の噴火活動があったと推定されています。年代不詳の最近の噴火でも、火砕流や溶岩流が噴出し、火砕丘が形成され、火山泥流が発生し森林が埋まり、埋没林として現在にいたっています。

三瓶山山頂の北側およそ 1 キロメートル付近で発見された埋没林は「三瓶小豆原埋没林」とよばれています。1983 年の水田工事中に用水路部分を掘り下げたときに、立木 2 本が発見され撤去されました。数年後、発掘時の記録写真から立木の意味する重要性が指摘され、1998 年から発掘調査が行われ埋没林が発見されたのです。イタリアのポンペイ遺跡は噴火から 1600 年後に発見されましたが、この埋没林の発見は噴火から 3500 年以上が経過してからの発見でした。

発見された埋没林は国の天然記念物に指定され、さんべ縄文の森ミュージアム（三瓶小豆原埋没林公園）内に「縄文の森発掘保存展示棟」が建設され、地下展示室では発掘されたままの状態や埋没されたままの状態で保存、展示がなされています（**写真 3.5-3、写真 3.5-4**）。この埋没林はその地層の状態から 3600 年前（保存館の説明資料では 3500 年前とありますがどちらも同じと考えてください）の山体崩壊にともなう岩屑なだれによって形成されたと考えられています。

埋没林の 80％がスギですが、日当たりのよい場所ではトチ、ケヤキ、カシなどの広葉樹が 50％を占めています。埋没林のある地層の上の地層には炭化した木片があり、その後の噴火で火砕流が発生して木々が燃えたことを示しています。

三瓶山の噴火で縄文時代の森林が埋没したため、現代の私たちは縄文時代の森林の有様を推定できる遺跡となっています。第 8 章で述べる富山県魚津海岸の埋没林（206 ページ）とともに、日本では数少ない、昔の森林の

写真 3.5-1　**美保湾から見た鳥取県の大山**

写真 3.5-2
三瓶山の溶岩円頂丘
左から男三瓶、女三瓶。子三瓶

写真 3.5-3
縄文の森発掘保存展示棟に展示、保存されている埋没林の根元

写真 3.5-4
立木のまま展示・保存されている埋没林

写真 3.5-5　**日本一小さな火山と称せられる阿武火山群の笠山**（山口県萩市）

写真 3.5-6　**1000 万年前に噴出した盾状火山の屋島**（香川県高松市）

様子がわかる貴重な埋没林です。

山口県萩市の北東に位置し、日本海に突き出た笠山（112 メートル：**写真 3.5-5**）は基底が 700 ～ 800 メートルほどの「日本一小さな火山」といわれています。山口県北東部に位置する 40 ほどの火山体を総称して阿武火山群とよんでいます。およそ 200 万～ 150 万年前に溶岩台地が形成され、80 万年前から、さらに 40 万年前からとその活動は区分されています。

標高 112 メートルの頂上には、直径 30 メートル、深さ 30 メートルの噴火口があります。笠山は 1 万 1000 年前に海抜 60 メートル付近まで溶岩台地が形成され、その後 3000 年前にはストロンボリ噴火をくり返し、現在の砕屑丘が形成されました。現代人こそ笠山の噴火を見たことはありませんが、縄文人は見続けていたことでしょう。たぶん自然の猛威を恐れながら眺めていたことでしょう。現在でしたら、その噴火様式から「萩の灯台」などとよべる噴火をくり返していたと推測されます。

屋島（**写真 3.5-6**）は香川県高松市の北東部、高松港の東に突き出た半島です。新第三紀（2300 万年～ 260 万年前）に噴出した溶岩台地です。このような台地は盾状火山とも称し、玄武岩質の流れやすい溶岩の流出によって形成されます。ハワイ島の火山がそのよい例です。屋島の場合は安山岩質で、玄武岩質の溶岩よりは粘性が高いですが、噴出時の温度が高かったために粘性が低くなり広範囲に流れたと考えられます。活火山ではありませんが珍しいのでここで紹介しておきます。

屋島は東西 2 キロメートル、南北 5 キロメートル、花崗岩の上に凝灰岩が重なり、その上に安山岩の溶岩が厚く堆積しています。頂上部は標高が 250 ～ 290 メートルの平坦地が広がり、中央がやややくびれていますが北嶺と南嶺に分かれています。この小さな古い台地が、溶岩台地の例として教科書にも紹介されています。

東側のくびれ部分の入り江が源平の古戦場で、那須与一が揺れる舟の上から、平家軍が示す扇の的を射たという故事で知られる「屋島の戦い」の場です。

3.6　九州の火山

西日本火山帯フロントは中国地方から九州に入ると南に方向を変え、九州を縦断して南西諸島にまで延びています。九州や南西諸島には特に活動的な火山が多く分布しています。

大分県の鶴見岳（1375 メートル）は、別府市の背後に南北 5 キロメートルにわたって並ぶ溶岩ドームの最南端に位置しています。山頂北側に噴気孔があります。このドーム群の東側山麓の扇状地が別府温泉です。「豊後富士」とよばれ、鶴見岳の西側に位置する由布岳（1583 メートル）は、2200 年前に規模の大きな噴火活動が起こりましたが、有史以後の噴火は確認されていません。

ドーム群の西側およそ 20 キロメートルに位置する九重山（1791 メートル）は東西 15 キロメートルに分布する溶岩ドームや成層火山の集合体です。有史以後も噴気活動が活発になったり、水蒸気爆発が発生したりしています。西側の八丁原、大岳などには地熱発電所が建設されています。

「火の国」 熊本は阿蘇の代名詞でもあるでしょう。阿蘇山（高岳：1592 メートル）は東西 17 キロメートル、南北 25 キロメートルの楕円形をした阿蘇カルデラとその中に並ぶ中央火口丘で構成される火山群の総称です。中央火口丘には主峰の高岳、根子岳、中岳（**写真 3.6-1**）、烏帽子岳、杵島岳の「阿蘇五岳」を含め、東西に 17 座の独立した山体が並んでいます。

阿蘇カルデラは 30 万年前から 9 万年前の間に、4 回の大きな活動期がありました。その後カルデラ内に中央火口丘が形成され、現在の形になりました。

余談になりますが、9 万年前の活動では愛媛県の西部にある伊方発電所付近まで、豊後水道を越えて火山噴出物が到着しています。この事実から、伊方発電所は阿蘇山の噴火があれば危険だから、発電を停止すべきという判決を下された裁判もありました。原子力発電の良し悪しは抜きにして、9 万年前の出来事をもって、たかだか寿命が 50 年程度の発電所を閉じよという判決を奇異に感じました。地球の寿命と人間の寿命を混同した、悪例といえるでしょう。

写真 3.6-1　**阿蘇中岳第一火口の湯だまり**

写真 3.6-2
阿蘇中岳火口縁の散策路とシェルター

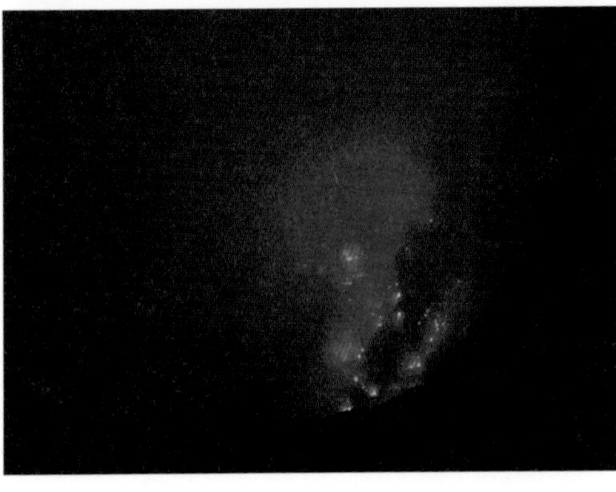

写真 3.6-3
阿蘇中岳
活動期の夜間の第一火口

写真 3.6-4 阿蘇中岳の火口内壁 過去の活動が読み取れる

阿蘇山は京都大学が昭和の早い時期から観測所を設け、観測がなされ日本でももっとも研究が進んでいる火山の一つです（**写真 3.6-1**、**写真 3.6-3**、**写真 3.6-4**）。その噴火様式はかなり解明されていますが、火口縁まで登りやすいので、多くの登山者が訪れ、突然の噴火で犠牲者やけが人が出ています。現在は火口縁に多くのシェルターが設けられています（**写真 3.6-2**）。

雲仙岳（平成新山：1483 メートル）は島原半島中央部を東西に横断している幅 9 キロメートルの雲仙地溝帯内に位置し、南北 25 キロメートルの成層火山です。西側は古い山で中央部には東に開いた妙見カルデラがあり、その中に妙見岳、普賢岳、さらに平成新山などの溶岩ドーム群、その東に眉山溶岩ドームがあります。有史後の噴火は普賢岳に限られ、溶岩を 3 回流出させています。

1971 年に九州大学が島原地震火山観測研究所を設置し、気象庁とともに雲仙火山の常時監視と火山噴火の研究を行っています。

1791 年 11 月、島原半島西部で地震が頻発し始めました。1792 年 2 月 10 日、普賢岳で鳴動が起こり、山頂付近の地獄跡火口から噴気が昇り、土砂の噴出が始まりました。2 月 28 日、普賢岳の北東 1 キロメートル地点で、噴火が始まり、溶岩が流れ出しました。溶岩の流出は 2 か月間続き、幅

220～360メートル、長さ2.7キロメートルの流れとなり「新焼溶岩」とよばれています。

5月21日18時頃、2回の強い地震とともに前山（現在は眉山）で南東斜面から山麓まで一気に大崩壊を起こしました。崩壊は岩屑なだれとなって有明海になだれ込みました。このため津波が発生し対岸の肥後や天草（現在の熊本県）を襲い大きな災害となりました。

島原では海岸が2キロメートル四方の広さで埋め立てられて陸地となり、沖合には大小の小島が出現しました。この小島群は現在の「九十九島」です。

島原側での死者はおよそ1万人、牛馬の死はおよそ500頭、村落すべてが埋没しました。肥後側での死者は5000人、死者の総数およそ1万5000人という、日本の火山災害史上最大の数を記録しています。この噴火では文字通り対岸の火事であった肥後（熊本県）が津波で5000人の死者が出たことで、「島原大変肥後迷惑」といわれています。

島原大変からおよそ200年後の1989年11月から雲仙岳周辺で地震活動が始まり、1990年11月17日に普賢岳の山頂東側の地獄跡火口や九十九島火口の2か所から噴火が始まりました。1991年2月12日、屏風岩火口からも噴火が始まり、噴火活動は拡大していきました。同年6月3日、火砕流により死者・行方不明者43人、179棟の建物が被害を受けるという、噴火発生後初めての火山災害が起こりました（**写真3.6-5**、**写真3.6-6**）。一連の活動は1996年まで続き、全期間を通じおよそ600棟の家屋が被害を受け、死者・行方不明者合計44人、山林耕地にも被害が出ました。

霧島山（韓国岳：1700メートル：**写真3.6-7**）は宮崎－鹿児島の県境で加久藤カルデラの南の縁に位置しています。北西－南東方向25キロメートル、南西－北東方向18キロメートルの範囲に20数個の火口が並び、成層火山、砕屑丘が連なり、霧島はその総称です。成層火山は高千穂峰、中岳、大幡山など、岩屑丘は韓国岳、大浪池、高千穂峰の側火口・御鉢、新燃岳などです（**写真3.6-8**）。それぞれ山体の大きさに比較して大きな火口を持つのが特徴です。御池や不動池はマールで、地熱地帯のあるえびの高原を始め、山体のあちこちに火口湖が点在しています。

霧島山系は、数千年前には現在の山体がほぼ形成されていたと考えられています。御鉢は天孫降臨の地で、山頂に天の逆鉾が立つ高千穂峰の西側に大きな火口が開いています。最古の噴火は742（天平4）年12月23～28日の噴火です。788年、945年にも御鉢の噴火記録が残っています。御鉢と新燃岳は交互に噴火活動をくり返していました。

霧島山の南50キロメートルの桜島では1914（大正3）年以来今日まで、100年以上も活発な火山活動を続けていますが、それ以前、特に1880年から1914年までの30年間は御鉢の活動が活発でした。1880年9月、174年ぶりに御鉢から噴火し、火口内に硫黄が堆積しました。その硫黄は採掘されていましたが、1888年5月9日、1889年12月10日と18日の噴火で硫黄はすべて飛散してしまいました。その後も断続的に噴火がくり返されていましたが、1895年10月16日に噴火、降灰、噴石で山麓では家屋22棟で出火、御鉢の西200～300メートルにいた4人が噴石の直撃を受け死亡しました。

同じような噴火は1914年までくり返されました。1923年にも噴火があり、1人が死亡しましたが、以来今日まで御鉢は100年近くも沈黙しています。御鉢の噴火では多量の火山灰の噴出による耕地の荒廃、噴石により火災が発生する特徴があります。

1958年11月、新燃岳付近での活動が始まりました。1959年2月に新燃岳から水蒸気爆発が起こりました。1991年11月24日に噴火し、以下ときどき火山灰を降らせる小規模な噴火がくり返し起こっていました。

1990年頃から霧島山の地震活動は20年前とは比較にならないほど活発になっていました。2011年1月26日、新燃岳が噴火し、27日には火口内へのマグマの噴出が確認され、人類が初めて目にする新燃岳火口内を満たす溶岩流出でした。それ以来、新燃岳はときどき小規模の噴火をくり返しています。過去の噴火と同じように、この活動が数十年は続くでしょう。

桜島（南岳：1060メートル：**写真3.6-9**）は錦江湾（鹿児島湾）北部を中心に南北17キロメートル、東西23キロメートルの始良（あいら）カルデラの南縁に生じた成層火山で、北岳、中岳、南岳の三峰といくつかの側火口が並んでいます。

「桜島」といわれるように、錦江湾に浮かぶ東西10キロメートル、南北

写真 3.6-5 **雲仙岳 20 世紀の噴火** 山頂付近からの火砕流

写真 3.6-6 **雲仙岳 20 世紀の噴火** 山麓に達した火砕流

写真 3.6-7　**霧島山系**　韓国岳から新燃岳、高千穂峰方向を見る

写真 3.6-8　**霧島山系新燃岳の噴火口（火口湖）と火口縁からの噴出**

8キロメートルの火山島でしたが、1914年の噴火で流出した溶岩によって大隅半島と陸続きになりました。

桜島ではおよそ1.1万年前から新しく北岳の噴火が始まり、4500年前まで続きました。4000年前から南岳の噴火が始まり、現在まで活動を続けています。有史以後の山頂からの噴火は南岳からに限られますが、山腹や周辺の海底からの噴火も起こっています。

1914年以来、ほとんど休止することなく噴火が続き、20世紀から21世紀、地球上でもっとも活発な活動を続ける火山の一つです。

桜島の火山活動に関する最古の記録は708（和銅元）年です。764（天平宝字8）年に錦江湾の中心で噴火が起こり、桜島では東側の鍋山が出現、長崎鼻溶岩（瀬戸溶岩）が流出しました。この溶岩流は「天平溶岩」とよばれています。

1471～1476（文明3～8）年には「文明大噴火」が起こりました。1471年に東側の黒神方面に溶岩が流れ、多数の死者が出ました。同じような噴火がくり返されていましたが1476年10月、島の南西側に多量の溶岩が流出し、噴石、降灰のため多くの家屋が埋没し、「人畜死亡せしことその数知らず」と表現されています。このときの溶岩は「文明溶岩」とよばれています。その後16世紀を中心に桜島の火山活動はおよそ160年間、静かだったようです。

1779～1782（安永8～天明元）年に「安永大噴火」が起こりました。噴火の3日前から地震が頻発し、浜辺にある井戸が沸騰するなどの異常が起きていました。南岳の山頂付近から白煙が上がった後、中腹から黒煙が1万メートルも上昇し、溶岩の流出も始まりました。このときの一連の火山活動での死者は150余名で、流れ出た溶岩は「安永溶岩」とよばれています。

1800年代は桜島の火山活動は静かでしたが、1914年に「大正大噴火」が始まりました。噴火活動は地震の発生から始まり、島内の海岸で温泉の湧出などの異常が発生した後、西側の標高500メートル地点からの噴火が始まり、東側の鍋山東斜面の標高400メートルの地点からも噴火が始まりました。火口付近には昼間でも赤い火が見えたといいますので、マグマがすぐ近くまで上昇していたことを示しています。

東と西の火口からは溶岩の流出が始まりました。東側に流れ出した溶岩は大隅半島に達し桜島は九州と陸続きになりました。桜島の東端の黒神集落は降灰のため、村落全体が埋没しました。厚く堆積した火山灰は2メートルにも及び黒神集落の神社の鳥居が、その猛威のすさまじさを物語っています。西側に流れ出た溶岩は沖合の烏島を包み込みました。これらの溶岩流は現在「大正溶岩」と示されています。この噴火では三集落が埋没し、全壊家屋120棟、死者58人、負傷者112人、農作物に甚大な被害が出ました（**写真3.6-10、写真3.6-11**）。

1946年1月、桜島は小さな爆発を起こして活動を始めました。3月には南岳東斜面の標高800メートルの地点から溶岩が流れ出し、北東方向と南方向へと向かいました。北東の流れは海岸に達し、南の流れは有村に達しました。この溶岩は「昭和溶岩」とよばれています。この噴火の死者は1人でしたが、山林が焼失、農作物に大きな被害が出ました。

その後、20世紀の間はもちろん21世紀に入っても桜島では山頂からの降灰をともなう噴火がくり返され、農作物の被害が出ています。時には多量の降灰で、人々は傘をさして歩く、屋外に洗濯物は干せないなど市民生活にも数々の支障が出るほどです。

南九州一帯にはシラス層とよばれる火山灰の堆積した地層が広く分布しています。シラス層はサラサラした砂で、保水力が無く、大雨が降るとすぐ崩れて、崖崩れなどの災害が起こります。火山灰が何十メートルもの厚さに堆積することは、一般の人たちには理解されないかもしれません。しかし、毎日のように大量の火山灰を噴出する噴火活動が何十年も続いているという桜島の火山活動を見ていると、シラス台地が形成されるのも理解ができてきます。

日本では取り扱いに困るシラスですが、イタリアの火山列島であるラピリ諸島では、肌をつるつるにする効果があるという化粧品に加工され売られています。

開聞岳（924メートル）は薩摩半島最南端に位置する成層火山で、頂上部には溶岩ドームがあります。「薩摩富士」とも称せられ、付近には池田カルデラ、池田湖、山川などのマールが点在しています。

写真 3.6-9　**桜島南岳からの噴火**

写真 3.6-10
大正の噴火で埋まった桜島黒神集落にある神社の鳥居

写真 3.6-11
桜島東側に流れた大正溶岩

南西諸島の一つ薩摩硫黄島（704 メートル）は東西 6 キロメートル、南北 3 キロメートルの火山島で、ほぼ東へ 2 キロメートルの昭和硫黄島や 7 〜 12 キロメートルの竹島とともに鬼界カルデラ（東西 23 キロメートル、南北 16 キロメートル）の北縁を形成しています。1934 年に海底噴火が起こり昭和硫黄島が出現しました。1990 年以降もときどき小規模な活動をくり返しています。

口永良部島（657 メートル：**写真 3.6-12**）は西北西－東南東方向 12 キロメートル、最大幅 5 キロメートル、西側 3 分の 1 でくびれた火山島です。くびれの西側が古い火山体で、東側は 1 万年前から現在も活動が続いている新岳や古岳が並び、時たま小規模な活動をくり返しています。

諏訪之瀬島（796 メートル）は北北東－南南西方向に 8 キロメートル、最大幅 5 キロメートルの成層火山で、頂上部には直径 200 メートルと 400 メートルの二つの火口が南西－北東方向に並んでいます。21 世紀に入ってからはほぼ毎年のようにストロンボリ式噴火をくり返し、桜島とともに日本列島でもっとも活動している火山です。

写真 3.6-12　口永良部島

3.7 海岸に火山が造った地形

活火山ではありませんが、海岸地形で火山が造った断崖絶壁が並んでいるので、火山の章に一節を設けました。マグマが冷却して固結するときには、「板状節理（ばんじょう）」や「柱状節理」が発達します。岩石を構成する鉱物の結晶構造を反映した形なのです。この板状節理や柱状節理は日本列島内のいたるところで見られます。

福井県の東尋坊や「山陰海岸ジオパーク」として世界ジオパークに認定された山陰海岸、あるいは島根県の隠岐の島の海岸などは、柱状節理の断崖で知られています。

福井県の名勝、越前海岸の東尋坊（**写真 3.7-1**）は日本海に面した海食崖で、険しい岩壁が約 1 キロメートルにわたり続いています。今から 1200 ～ 1300 万年前の火山活動でマグマが堆積岩層に貫入（割って入ってくること）して冷えて固まり、その後堆積岩層が浸食を受け、地表面に露出しました。冷えて固まるときに五角形、六角形の柱状の岩相が形成され柱状節理とよばれます。東尋坊はその柱状節理の岩壁が海面から 25 メートルの高さに並んでいます。

海上から眺めれば日本海の荒波での浸食が続き、柱状節理の岩柱や奇岩が前面に並ぶ絶壁や海食洞も見られます。

山陰海岸の柱状節理は丹後半島の先端あたりから、西へ兵庫県を経て鳥取砂丘近くまで広く分布します。丹後半島の先端、経ケ岬から西へ延びる竹野海岸は、柱状節理の宝庫です。海上からしか見ることのできない「宇日（うい）流紋岩の流理」は、マグマが流れ出て流紋岩とよばれる岩石に固結するときにできた渦を巻くような「流理構造」が、県指定の天然記念物となっています。

竹野海岸切浜にある「はさかり岩」は海食洞の天井が落下して洞側壁に挟まれ生じた奇岩です。同じく黒鼻先の北端にある「淀の洞門」は高さ 18 メートル、奥行き最大 40 メートルの海食洞です。海岸の平坦な海食台には波の力で岩が円形にえぐられる甌穴（おうけつ）を見ることができます。

「立岩」は竹野川河口の砂州にそびえたつ、高さ 20 メートル、周囲 1 キロメートルに及ぶ巨大な岩塊ですが、美しい柱状節理が見られます。「屏風岩」

は海面から高さ 13 メートルの屏風のようにそびえる板状の岩脈です。　その背後には海岸段丘が発達し、そこには棚田が広がっています。琴引き浜は鳴き砂で知られています。鳴き砂については第 8 章（208 ページ）で詳述します。

兵庫県豊岡市はコウノトリの繁殖を目指した県立コウノトリの郷公園で知られていますが、そこにできた空港は「コウノトリ但馬空港」と名づけられました。その豊岡にあり海岸からやや内陸に位置している玄武洞は観光面ばかりでなく学術的にも極めて重要な場所です。

玄武洞（**写真 3.7-2、写真 3.7-3**）は 160 万年前の火山活動によって形成された柱状節理が縦方向ばかりでなく、横方向にも並んだ姿が見られる場所です。まさに柱状節理が縦横無尽に延びた岩肌が、玄武洞を構成しています。洞とはいっても、自然につくられたものではなく採石場の跡なのです。この柱状節理の石は「灘石」とよばれ、江戸時代中期から昭和初期まで、地元の人たちは石材として使っていました。その掘り出した跡が洞なのです。

その中でもっとも大きな洞を、江戸時代の儒学者・柴野栗山（1736 ～ 1807）が 1807（文化 4）年に「玄武洞」と命名しました。もちろん中国の玄武からとった名前です。さらにもっとも柱状節理が美しいとされる「青龍洞」、柱状節理が水平に延びている「白虎洞」、節理形成の過程がわかる「南朱雀洞」、鳥が羽を広げた優美な姿に見える「北朱雀洞」などと、それぞれの洞に名前がついています。

この玄武洞の岩石から、地球科学上の世界的発見がなされました。1926 年、京都大学（当時は京都帝国大学）理学部教授の松山基範が、玄武洞の岩石の磁場を調べた結果、現在の地球の磁場と反対であることが明らかになりました。「地球磁場の逆転」つまり地球の北と南が現在とは反対で、現在の北が南、南が北の時代があったことを明らかにしたのです。現在では 360 万年前から 78 万年前までを「松山逆磁極期」とよびプレートテクトニクス理論が提唱された黎明期に、理論発展に大きな貢献をした発見でした。

なおハワイ島の火山が噴火すると噴出する溶岩は英語名で「バサルト」とよびます。黒っぽい色の岩石ですが、これを日本語では「玄武岩」とよびます。もちろん玄武洞に由来して命名されました。

写真 3.7-1
東尋坊の柱状節理
その形から材木石とも
よばれる

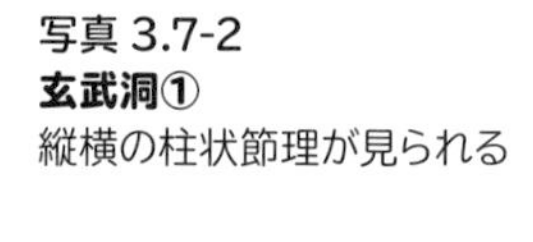

写真 3.7-2
玄武洞①
縦横の柱状節理が見られる

写真 3.7-3
玄武洞②
曲がっている柱状節理

3.8 温 泉

世界で日本人ほど温泉好きの国民はほかにはいないでしょう。病気の治療目的の入浴は多くの国で取り入れられているようですが、日本人のように単なるリラックスあるいは観光を目的に温泉を利用する国民は世界から見てもあまりいないのではないでしょうか。しかし近年は日本を訪れる多くの外国人が温泉を好み、日本で温泉に入ることを楽しみに来日する人が少なくないようです。事実、友人の中国人や韓国人はもちろん、アメリカをはじめとする欧米からの友人も、「温泉に連れて行ってくれ」、「温泉に行きたいがどこの温泉がよいのか」と尋ねられることも多くなりました。日本の温泉文化も外国人が理解する時代にはなりつつあるようです。

日本人が温泉好きなのは、もちろん国土が温泉に恵まれているからです。現在でも東北地方の農家の人たちは秋の収穫が終わると湯治のために、家族そろって温泉を訪れ、一週間、十日と入浴三昧、温泉三昧の生活をして身体を休めます。ひなびた温泉ですと、自炊設備があり、家族で自炊をしながら比較的安い料金で温泉を楽しんでいるのです。

一般庶民が湯治に温泉を利用できるようになったのは江戸時代からだといわれますが、兵庫県有馬温泉などは、秀吉の時代にはすでに温泉場として有名になっていました。豊臣秀吉自身、何度も訪れていたようです。秀吉は小田原の北条攻めのときも、神奈川県の箱根の湯に浸かり、自分ばかりでなく武士たちにも休養を取らせたそうです。徳川家康は静岡県熱海の温泉を江戸まで運ばせ、楽しんだといいます。徳川家康同様に、現代でも地方の温泉場から温泉湯をタンクローリー車で、都会の施設に運び、温泉浴場として営業しているところもあります。それで営業が成り立っているのですから、日本人は温泉が好きなんだと改めて実感します。

写真 3.8-1 **北海道登別温泉の地獄谷**

日本の温泉法では、源泉から採取されるときの温度が25℃以上なら温泉とよんでよいとされています。これには火山性水蒸気やガスも含まれます。温泉として湧出していなくても噴出するガスを混入した水は温泉とされています。地熱地帯では温泉が湧出していなくても、温泉が得られるのです。また温度の低い冷泉や鉱泉なども基準値以上の特定溶存成分が含まれていれば温泉として扱われます。つまり温泉は温度と泉質（成分）の二本立てで定義されているのです。ですから各温泉では浴場に必ずその温泉の成分分析表とその効能が示されています。この温泉法が制定される以前は温度が25℃以上で一定の溶存成分を含むことが条件でしたので、温泉はほとんど火山地帯にありました。しかし、現在は都心をはじめ、いたるところで「天然温泉」の看板を目にします。これは火山性の温泉ばかりでなく、非火山性の温泉や化石海水起源の温泉などが存在するからです。

ある地点で温泉掘削の目的でボーリングを実施したとします。地球の表面近くでは100メートルの深さが増すごとに、温度は0.6℃高くなっていきます。ですから深さ1000メートルから1500メートルまで掘削し、うまい具合に貯水層に当たれば、その水は25℃以上の可能性が高いので、温泉とよべるのです。東京をはじめ都会の中にある温泉、特に最近掘られた温泉の多くはこのような非火山性や化石海水起源の温泉です。掘り当てられた貯水層が巨大な閉鎖された環境でも、その温泉水は汲み上げが続けばいつかは枯渇するはずです。温泉の湧出が無限に続くとは限りません。

火山地帯の温泉水のもとになる水の起源は、必ずしも一つではないでしょうが、大部分は雨水起源の地下水です。雨水が地下にある帯水層や透水性の高い地層を通り、その間に地下にある熱エネルギーによって温められ、炭酸カルシウム、ミョウバン、硫黄などの溶存成分を獲得して、温泉として湧出しているのです。火山地帯の温泉は自然の水の流れが一つのシステムとして湧出をするので、そのシステムに支障が生じない限り湧出が続き、人々を楽しませ、リラックスさせてくれています。支障とは大地震の発生で地下の水の流れが変わったり、止まったりすることです。地震の発生前後に温泉の湧出量が変化する現象はしばしば認められています。北海道洞爺湖温泉の湧出はその逆の例で、1910年の有珠山の噴火で湧出したのです。

秋田県の日本海沿いの温泉では、温泉水は黒みを帯び、石油の匂いのする温泉があります。20 世紀半ばまでは油田地帯でしたので、その名残です。

箱根温泉と大分県の別府温泉は、日本の二大温泉と称されますが、地下に潜在している熱エネルギーのほとんどが温泉に変換され、その余った分が地熱地帯での噴気によって放出されています。「箱根七湯」と称せられた神奈川県箱根の温泉は、現在ではどの地域でも温泉入浴が可能になっています。これは遠方の温泉を地熱地帯で噴出する火山ガスを水に混入して、配泉しているのです。大涌谷はその熱源の一つです。

北海道から東北、関東、中部などではそれぞれ火山地帯で、温泉も湧出しています。しかし、神戸の有馬温泉を始め紀伊半島や四国でも、多くの名湯が分布しています。地下での古い時代の火山活動の名残で、温泉供給システムが存在し続けているからです。

長野県南東端に位置する大鹿村の鹿塩温泉と小渋温泉は特異な温泉です。中央構造線が通るこの村の鹿塩温泉は海水と同じ 4％の塩分濃度を有する水が湧出することで知られています。中央構造線の断層沿いに塩分の濃い水が上昇してきていると考えられています。現在は三本の井戸があり源泉の温度は 13 ～ 14 ℃程度ですので、加熱して温泉として利用しています。またこの水から塩も精製されて、土産物として売られています。海のない長野県で海水起源の塩が生産されていることに驚き、大自然のサイクルに感激しました。小渋温泉は炭酸水素冷鉱泉で、南北朝時代に後醍醐天皇の皇子として生まれ、戦乱に巻き込まれ、この地で隠遁生活を送った宗良親王（むねよししんのう）（1311 ～ 1385?）の家臣が発見したとの伝説のある温泉です。加熱して使用しています。

現在の日本の温泉は全裸で男女別の浴槽が一般的で、混浴の場合には女性だけに入浴用のガウン着用の温泉もあります。青森県酸ヶ湯（すかゆ）温泉の「ヒバ千人風呂」は現在も、脱衣所は別ですが男女混浴で有名です。北海道や九州でも同じような混浴の浴槽は見られます。欧米の温泉は日本人のように入浴を楽しむのではなく、療養目的の場合が多いようですし、水着着用が原則です。ですから浴槽は男女の区別がないのが一般的です。浴槽もプール感覚で造られているものが多く、日本人にとっては温泉とはいえない風情です。

写真 3.8-2
登別温泉の地獄谷

写真 3.8-3
長野県大鹿村の温泉井戸
出てくる水は海水と同じ塩分濃度

写真 3.8-4
秋田県乳頭温泉の浴槽
奥は女性専用手前は混浴

第4章

山岳地帯

北アルプス槍ヶ岳から穂高連峰を望む

4.1 山脈と山地と高原

地図を見ていると山脈とか山地とかの表現があります。これは何を指すのでしょうか。山脈は周辺より突出した地形が細長く連なっている一連の地形を指します。山地は陸地の突起部、すなわち山の集合したもの、あるいは山の多い地域、山である地域を指しますが、平地と比較して大きな起伏や傾斜を持ち、周囲より高い地域で、複数の山からなる広い地域を指します。山脈は広い意味の山地ですが、実はこの二つの語の間に厳密な区別はなさそうです。私は山脈が文字通り高い山が連なっているのに対し、山地はところどころに低い部分もあると理解しています。しかし地元の古くからの呼称もあり、なかなか一般的な説明は困難です。

例えば、北海道では山脈とよばれるのは日高山脈だけで、北海道の中央部を南北に、標高1500～2000メートルの山々が100キロメートル以上にわたって連なっています。その北側には石狩山地が50キロメートルの長さにわたって延びています。石狩山地は大雪山や十勝岳などの火山体で標高2000～2200メートルの山が連なります。高さは日高山脈よりも高い山が多いのです。そのほか夕張山地、天塩山地、北見山地などの山地が並びます。

台地は平野や盆地の中で一段と高い地域を指します。北海道には根釧台地があり、北海道東部に位置し、海岸近くの平野部から内陸への高まった地域を指します。また台地のうち標高600メートル以上の地域を高原とよぶこともあります。

飛騨山脈は新潟、長野、富山、岐阜の県境を南北90キロメートルに延びています。その西側には岐阜県から富山県に流れる神通川を挟み飛騨高地、さらに庄川を挟み石川、福井県境付近には両白山地が並んでいます。飛騨山脈はいわずとも知られている3000メートル級の山々が並ぶ、日本でももっとも高い山脈です（**写真4.1-1**）。両白山地は白山（2702メートル）など2000メートルを超える山々が連なります。しかし、飛騨高地は1500メートル級の山が最高峰で、1200～1500メートルの比較的高さがそろった山並みです。高地とは周囲より高い土地、標高の高い土地などを指します。

高原は標高が高く、連続した広い平坦地を有する地形です。標高の高い平地、起伏が少ない地域とも表せます。高原と高地の使い分けも、あまりはっきりしません。長野県の志賀高原、宮崎県のえびの高原などは標高の高い平地の例でしょうが、これらの高原は山の斜面に広がった平坦地という感じです。より広い高原としては岡山、広島両県にまたがる吉備高原や大分県の飯田高原などがその代表です（**図 9**）。

中学生や高校生に対しては、それぞれを正確に定義づけるのは非常に難しいので、山脈、山地、高地、高原、台地などの名称は、社会科地図帳に出ている通りに覚えることをすすめます。また世界地図を見るときも同じで、デカン高原、チベット高原などは同じ高原でも日本とはスケールが違います。その違いを理解した上で、同じようにその名称をそのまま覚えるのがよいでしょう。

図 9　中央日本の山脈、山地の分布

写真 4.1-1　**槍ヶ岳から見た北アルプスの北部、通称「裏銀座」**　薬師岳から立山

4.2　日本アルプス

フォッサマグナの西側にカタカナの「ノ」の字を３列に並べたように、飛驒山脈、木曽山脈、赤石山脈が並んでいます。これらの山脈を日本アルプスとよんだのはイギリス人のガウランド（William Gowland）です。その後、小島烏水がそれぞれを北アルプス、中央アルプス、南アルプスと名づけ、広く使われるようになりました。明治時代のことです。

北アルプスの西の端は富山湾に流れ出ている神通川、東端はフォッサマグナの西縁、姫川から松本盆地、木曽川によって区切られています。北の端は新潟県の親不知海岸の絶壁で、南は乗鞍岳付近、総延長90キロメートルです。

北アルプスの北の地域には黒部川が流れ、立山連峰（**写真 4.2-1**）と後立山連峰に分断されています。

後立山連峰は白馬岳（2932 メートル）をはじめ、杓子岳（2812 メートル）、鑓ヶ岳（2903 メートル）の白馬三山から鹿島槍ヶ岳（南峰：2889 メートル）

写真 4.2-1　**北アルプス北端付近の立山連峰**

などの高山が並びます。白馬岳には2キロメートルにわたる大雪渓があり、高山植物が咲き乱れるお花畑が登山者を惹きつけています。その山並みは高瀬川の左岸沿いに南へ延び、槍ヶ岳（3180メートル）へと続きます。

高瀬川は槍ヶ岳の北東斜面から流れ出し、松本盆地へと流れ出ますが、その右岸沿いに常念山脈の大天井岳（おてんしょう）(2922メートル)、常念岳(2857メートル)などが並びます（**写真4.2-2**）。常念山脈は西側の槍・穂高連峰の展望台であるとともに、東側の遠く八ヶ岳から浅間山、南アルプスや富士山も見渡せるパノラマが開けています。常念山脈南部の蝶ヶ岳（2677メートル）は頂上部に二重山稜がある槍・穂高の展望台です。二重山稜は周氷河地形です。

白馬連峰と常念山脈を比べると、白馬連峰は3000メートルに近い山並み、常念山脈はそれより100～200メートルは低い山並みです。この山脈が出現する前のこの付近の高地の姿は北側がやや高かったことが読み取れるのです。また大天井岳から槍ヶ岳へと続く東鎌尾根の先には穂高連峰が並び、やはり100～200メートルは高い山並みだったと推定できます。おそらく北アルプスのこの付近一帯は3000メートル級の広大な高原だったのでしょう。

後立山連峰に相対する立山連峰は剱岳（2999メートル）から立山の最高峰大汝山（3015メートル）など3000メートル級の山群が並んでいます。立山は一般には雄山（3003メートル)、大汝山、富士ノ折立（2999メートル）の総称です。さらに北の真砂岳（2861メートル）や別山（2880メートル）を含めて、登山基地の室堂（2445メートル）から一日で歩くことができるので、観光的には「立山に行く」といえば、その付近一帯を指すことになります。

20世紀中頃までは登山基地だった室堂は今や山岳観光ルート・立山黒部アルペンルートの富山県側のターミナルです。バスで自動車専用の立山トンネル、立山ロープウェイ、地下の黒部ケーブルカーを乗り継ぎ黒部ダム（黒部第四ダム：通称くろよん）を通り、後立山連峰を貫いてつくられた関電トンネルをトロリーバスで抜けて、長野県大町市の扇沢に出られます。歩くところは地下ケーブルカーの駅からトロリーバス乗り場までのダムの上だけで、日本の山岳地帯でももっとも山奥だった地域を老若男女に関係なく、気軽に観光できるようになったのです。

立山連峰の北端に位置する剱岳（つるぎ）（**写真 4.2-3**）は、日本海からの北西風を直接受けるため日本有数の豪雪地帯です。剱沢雪渓を始め大きな雪渓が発達し、険しい岩壁や岩峰が並んでいます。人を寄せつけないことから、地形図作成のための三角点の設置も、1907（明治 40）年になってからでした。その顛末は新田次郎の小説『劒岳―点の記』（文藝春秋、1977）にまとめられています。測量隊が劔岳初登頂と考えられたのに、その山頂で彼らが見たものは平安時代のものと思われる錫杖の頭と鉄剣、それに焚火の跡でした。

剱岳から立山、さらにその南の薬師岳（2926 メートル）の東斜面は、現在でも雪渓が発達しますが、そこには氷河時代のカールが並んでいます。最近の研究では劔岳の東斜面の小窓雪渓や三の窓雪渓、大汝山の東斜面の御前沢雪渓は氷河と認められています。室堂から見上げた立山の西斜面にも山崎カールがあり、国の天然記念物になっています（第 7 章）。

薬師岳から南に稜線を進むと、黒部川の源流付近になります。標高 2300 メートルの高天原には温泉が湧出し、7 月にはニッコウキスゲの群落が見られる、ユートピアです。その南の雲ノ平（2500 メートル）とともに、雲上ののんびりした深山の山歩きが楽しめます。

雲ノ平の東にそびえるのが水晶岳（2986 メートル）、鷲羽岳（2924 メートル）の 3000 メートルに近い山々です。鷲羽岳の東斜面にある鷲羽池は火口湖です（**写真 4.2-4**）。

槍・穂高連峰もそうですが、雲ノ平から樅沢岳（2755 メートル）を含め、この付近の山々は、数百万年前の火山活動によってつくり出されました。付近の双六小屋から南東に延びる西鎌尾根を過ぎれば槍ヶ岳（**写真 4.2-5**）です。また南に進めば抜戸岳から笠ヶ岳（**写真 4.2-7**）で、槍ヶ岳や穂高連峯の大パノラマが見られます。笠ヶ岳から槍ヶ岳を見て開山を念じた播隆上人の気持ちが理解できる山稜です。槍ヶ岳への初登頂の話は第 9 章で詳述します。

槍ヶ岳から南へ大喰岳（おおばみ）、（3101 メートル）、中岳（3084 メートル）、南岳（3033 メートル）と 3000 メートルを超えるピークが並ぶ稜線を過ぎると、一般の登山ルートとしては最大の難所の大キレット（切戸。山の尾根がV

写真 4.2-2　**槍ヶ岳から見た西岳、常念岳、大天井岳**

写真 4.2-3
北アルプス・立山室堂から見た剱岳

写真 4.2-4
北アルプス中央部
雲ノ平から水晶岳を望む

写真 4.2-5　大喰岳から見た槍ヶ岳

字状に深く切り込んだ場所）です。水平距離にすれば 2 キロメートル足らずの距離を 200 メートル下り、300 メートル登り北穂高岳（3106 メートル）へとたどり着きます。涸沢カールを左手に、涸沢岳（3110 メートル）、奥穂高岳（3190 メートル）と、3000 メートル超のおもなピークだけでも 7 座を越える縦走が楽しめます。

奥穂高岳の南斜面、岳沢の先には上高地が広がります。奥穂高岳からは左（東）へ吊尾根が延び、前穂高岳（3090 メートル）にいたります。右手側は南へジャンダルム（3163 メートル）、間ノ岳（2907 メートル）、西穂高岳（2909 メートル）が続きます。西穂高岳までが槍・穂高連峰です。

途中の山々もそうですが、特に立山連峰と槍・穂高連峰は東斜面や北斜面には氷河によって削られたカール（圏谷）が発達しています。尾根の東斜面を注意していると急斜面の下の方にやや平坦な地形が見られます。急斜面はカールで、その底部の平坦部分はモレーン（堆石）です。少なくとも２万年前には自分の立っている尾根は氷河に覆われていたのだろうと想像できるのです。自分の歩いている稜線の2800メートルぐらいから上の部分は、岩石が露出しており、岩登りを楽しむ登山者にとっては、ロッククライミングのメッカとよべる山々です。その岩峰は氷河によって削り出され、創造されました。

西穂高岳の南、丸山（2452メートル）付近の鞍部をめがけて、岐阜県新穂高温泉から西穂高口までロープウェイが架設されています。西穂高口駅（2156メートル）からは西側の笠ヶ岳（2897メートル）などの展望が素晴らしいです。笠ヶ岳は雲ノ平から槍ヶ岳に向かう途中の樅沢岳から南西に延びた支尾根の南端に位置しています。西穂高駅口から鞍部（西穂山荘）までは２キロメートル弱、１時間ほどののんびりとした山歩きが楽しめます。

鞍部をさらに南に行くと北アルプスで人類が噴火を確認しているただ一つの火山・焼岳（2455メートル）があります。上高地が一望できる楽しい場所です。そして最南端に位置するのが乗鞍岳（3026メートル）です。活火山ですが噴火は確認されておらず、標高2700メートルの畳平までバス道路が整備され、苦労なく3000メートルの山に近づける場所です。山頂付近には周氷河地形が見られます（**写真4.2-6**）。

中央アルプスは東西の幅は、10キロメートルと狭いですが、南北の境界は諸説あるので、ここでは松本盆地南端に接する北の経ヶ岳（2296メートル）から南の恵那山（2191メートル）まで、およそ長さは70キロメートルとしておきます。西側を木曽谷（木曽川）、東側を伊那谷（天竜川）に挟まれた細長い山脈です。南北両アルプスと比べれば、その高さはどのピークも3000メートルに届きませんが、全体に美しく、のんびりとした、しかし、登山者にとっては長く歩かなければならない山稜です。

主峰は木曽駒ヶ岳（2956メートル）でなだらかな山容ですが、東斜面には氷河地形が残り、駒飼ノ池や濃ヶ池は氷河湖（池）です。長野県伊那谷の人々は「木曽駒ヶ岳」とはよばず、「西駒」とよび、南アルプスの「甲斐駒ヶ岳」を「東駒」とよんでいます。

山頂から１キロメートルほど南の宝剣岳（2931メートル）の東側斜面に

は千畳敷カールが広がっています。山麓の「しらび平駅」（1662 メートル）から「千畳敷駅」（2612 メートル）まで駒ヶ岳ロープウェイが架設されています。駅周辺はカールの底部で、散策路が整備され、氷河湖（池）もあります。夏の季節にはお花畑を散策しながら、宝剣岳の稜線までのんびりと登ることができます。そこから木曽駒ヶ岳まで砂礫の広がる山稜をゆったりとした山歩きとなります（**写真 7.4-1**）。

長野県伊那市周辺の中学校では、学校教育の一環として 100 年以上前から「西駒」登山が奨励されています。1913（大正 2）年 8 月 26 日に学校長引率のもと中箕輪高等小学校（現：箕輪町立箕輪中学校）の生徒 25 名を含む総勢 37 名が登山しました。風雨の中、宿泊予定の山小屋に到着しましたが、小屋は火災で焼失していて使用できず、校長以下 11 人が遭難死する事故が起きました。新田次郎の小説『聖職の碑（いしぶみ）』（講談社、1976）はその顛末です。多くの遺体が発見された将棋頭（2730 メートル）付近にその碑は建てられています。

宝剣岳は氷河に削られた荒々しい岩肌が露出する岩場が連続する尾根が続きます。特に千畳敷カールから見上げると鋭くとがった岩峰が並び、見る人を圧倒します。

空木岳（2864 メートル）は中央アルプスのほぼ中央に位置し、北、東、西の斜面には花崗岩の急峻な岩場が露出しています。山頂部の南側には白い花崗岩の岩峰が露出し、白い砂礫と緑のハイマツが美しく調和しています。山頂からの展望は、南北に中央アルプスの稜線が延び、東側には富士山と南アルプス、西側には御嶽山と白山の霊峰が並ぶ大展望が楽しめます。

中央アルプスは北アルプスと比べて岩峰とよべる場所は少ないですが、空木岳とその南の仙涯嶺（せんがいれい）（2734 メートル：**写真 4.2-8**）、北の宝剣岳が中央アルプス三大岩峰に数えられています。付近の稜線東斜面にはカールも発達しています。現在の雪線は 2850 ～ 2900 メートルです。

中央アルプスから伊那谷をはさみ、天竜川の西側の伊那山地を越えると南アルプスです。東側は富士川が流れ、山脈の幅は 40 キロメートルに達しますが、中央から南の部分は大井川によって分断されています。北の入笠山（1955 メートル）から南の寸又峡付近まで、長さ 80 キロメートルです。南

写真 4.2-6 **北アルプス南部** 穂高連峰から焼岳・乗鞍岳、その背後には御嶽山が見える

写真 4.2-7 **北アルプスの西側** 笠ヶ岳、抜戸岳

写真 4.2-8　**中央アルプス**　南駒ヶ岳と仙涯嶺

写真 4.2-9　**南アルプス北端**　鳳凰三山から見た甲斐駒ヶ岳

アルプスは北アルプスと同じように3000メートルを超すピークが並ぶ山稜ですが、全体に厳冬期でも積雪は少ないです。雪線は3000メートルです。

北端に位置する甲斐駒ヶ岳（2967メートル、**写真4.2-9**）は花崗岩の山体が山頂付近に露出し白く見えるのが特徴です。JR中央本線の車窓や甲府盆地から望む甲斐駒ヶ岳は、山麓から2200メートルの高さに屹立し、男性的な山体です。それに対しその南の仙丈ヶ岳（3033メートル）は山体が緩やかに広がり、大らかで女性的な山容から「南アルプスの女王」とも称せられています。山頂付近にはカールが発達していますが、そこはお花畑でもあり、夏の季節には女王の花園が出現します。

甲斐駒ヶ岳の南東に延びる早川尾根の先8キロメートル付近には、天に向かってそびえるオベリスクの岩峰・地蔵岳（2750メートル）、観音岳（2840メートル）、薬師岳（2780メートル）の「鳳凰三山」が並びます。通称は鳳凰山です。地蔵岳のオベリスクは鳳凰山の象徴的存在で、風化した花崗岩の岩峰が30メートルの高さで突き出ていて、甲府盆地からも望見できます。

甲斐駒ヶ岳から野呂川を挟み、南に位置するのが、日本第二の高峰・北岳（3193メートル）で、富士山撮影の最良ポイントといわれています（**写真4.2-10**）。その南には中白峯（3055メートル）、間ノ岳（3189メートル）、西農鳥岳（3051メートル）、農鳥岳（3026メートル）と5座の3000メートル級の峰々が並びます。北岳、間ノ岳、農鳥岳を「白峰三山」とよび、眺望もよく、南アルプス登山の人気コースです。付近は高山植物の宝庫で「キタダケ○○」と名のつく植物が多数生育しています。その一つキタダケソウは1931年に発見された、代表的な花です。

北岳山頂から東側の大樺沢に鋭く切れ落ちる、高度差600メートルの岩壁は北岳バットレスとよばれて、7本の岩稜が並んでいます。バットレスは建築用語で胸部の外壁のことで、敵の弾丸を防ぐ石の壁を意味します。この岩壁群はロッククライマー憧れの壁です。

南アルプスは中央部の三伏峠を境に北部と南部に分けられます。三伏峠は標高2580メートル、日本一高い峠といわれています。伊那谷からこの峠を越えて、甲州にいたる伊那街道が通っていました。

その峠のすぐ北側に鎮座するのが塩見岳（3052メートル）です。南アルプスは樹林帯が標高 2500 メートル付近まで広がっているので、深山幽谷の趣のある山が多いです。特に三伏峠から南の山々は塩見岳を含めて、その雰囲気が深いです（**写真 4.2-11**）。

明治の文明開化で日本は全国の地形図作成を始めました。そのためには測量が必要です。1879（明治 12）年、3000 メートル級の高峰の先陣を切って当時の内務省地理局（現：国土交通省国土地理院）によって測量登山が実施され、10 年後には一等三角点が設置されました。

南アルプス南部の盟主は、赤石山脈の語源にもなった赤石岳（3120 メートル：**写真 4.2-12**）です。名前の由来は南面の赤石沢に多い赤褐色のラジオラリアチャート（放散虫を含む堆積岩、海底で堆積して隆起した地層）です。その地層のために山肌が赤味を帯びているのです。山頂付近には日本最南端のカール地形が残ります。赤石岳から北へ小赤石岳(3081 メートル)、荒川岳・前岳（3068 メートル)、中岳（3083 メートル)、東岳（悪沢岳：3141 メートル)、丸山（3032 メートル）と 3000 メートル級のピークが並んでいます。

赤石岳から北西に小渋川を下ると大鹿村に出ます。低いところでも標高 670 メートルもある信州の山村は、現在でも最寄りの JR 飯田線の駅までバスで 1 時間を要する秘境の村です。この村には 4.5 節（111 ページ）で述べる中央構造線が南北に横切っており、その露頭（岩石の露出する様子）が見られる場所があります。また海水と同じ塩分濃度の塩水が湧出しています。標高 750 メートルの鹿塩温泉では、海水と同じ 4%の塩分濃度の原水で、肌に優しい温質と喜ばれています（**写真 3.8-3**）。

20 世紀まで日本では「区」が設置できる政令指定都市は人口が 80 ～ 100 万人が選定の基準でした。21 世紀に入り「平成の大合併」により、その人口が 70 万人程度に引き下げられ、静岡市は清水市と合併して 2005 年に政令指定都市になりました。その結果、静岡市葵区には 2 万 5000 分の 1 の地形図に記載されている 3000 メートルを超える峰 10 座が加わりました。それらの山は高さ順に間ノ岳、悪沢岳、赤石岳、荒川中岳、小赤石岳、荒川前岳、塩見岳、西農鳥岳、農鳥岳、聖岳（3013 メートル）です。JR 静岡駅、静岡県庁など静岡市の中心街も葵区に属します。

写真 4.2-10
南アルプス
鳳凰三山から見た北岳と間ノ岳

写真 4.2-11
南アルプス
南側から見た塩見岳

写真 4.2-12 **南アルプス** 北側から見た赤石岳。手前にカール地形が認められる

4.3 火山が創出した上高地

写真 4.3-1 上高地の中心 河童橋と穂高連峰

写真 4.3-2 河童橋から上流 3 キロメートル付近にある明神池

北アルプス最奥の標高 1550 メートルに湖面のある湖水が存在していたと想像できる人はどのくらいいるでしょうか。では、現在の上高地は大正池のあたりから 10 キロメートル以上離れた横尾谷の入り口付近まで、歩く道には多少のアップダウンがあるものの、全体としてはほとんど平らで高度差は 50 ～ 60 メートル程度しかないことに気がつく人は少なくないでしょう。明治時代から昭和の初期まで、上高地の河童橋付近から 8 キロメートル離れた徳沢付近では牧畜が行われていました。こんな山奥の V 字谷で牧畜が可能な平坦地があることを不思議に思いませんか。

上高地（**写真 4.3-1、写真 4.3-2、写真 4.3-3**）が平らなのは、梓川（あずさがわ）の流れが現在の焼岳付近に噴出した火山の噴火でせき止められ、湖が出現したからです。私は勝手にこの推定した湖を「古梓湖」とよんでいました。下流の奈川渡ダムによってせき止められた梓湖が出現する前の話です。火山の噴出によって梓川がせき止められ、上流から運ばれてきた土砂が次第に堆積して、V 字谷を埋め、湖底が現在の高さにまでになったとき、梓川は南東に出口を求め、流れ出したのです。松本盆地に通ずる現在の流れです（**写真 4.3-4、写真 4.3-5**）。

せき止められる前の梓川は、槍ヶ岳や穂高連峰を源に流れ出し、川底を浸食しつつ深いＶ字谷を形成していました。岐阜県に流れた旧梓川は蒲田川と合流し、高原川となって西から北西に流れ、神通川となって富山県に流れ出ていたと推定されています。現在の上高地の地下には、その証拠が眠っているはずです。21 世紀に入ってようやく科学的な手法を使って、その実態を解明することが、地元の信州大学の研究者たちによって行われました。

2008 年 11 月末から翌年 3 月末まで、大正池（**写真 4.3-4**）の近くで、地下 300 メートルまで掘削調査が行われました。その掘削の結果、深さ 290 〜 300 メートルの付近の地層には直径 50 センチメートルを超える丸い礫や砂の層があることがわかりました。この層は流れの早い川底だったことを示唆しています。梓川は現在より 300 メートルも深い谷を形成して、急流だったのです。現在、上高地の東側に位置する霞沢岳（2646 メートル）、六百山（2450 メートル）との間には 1200 〜 1400 メートルの標高差があります。もちろん東側の地域が隆起していなかったらの話ですが、一般に地殻の隆起速度は 1 年に 1 〜 2 センチメートル程度です。また隆起が続いていたとしても、梓川も一緒に隆起するでしょうから、この高度差は変わりません。梓川は深いＶ字谷でした。

現在は河童橋（**写真 4.3-1**）や穂高橋で、簡単に右岸から左岸に渡れる上高地の梓川ですが、私の名づけた古梓湖出現の前は、300 メートルの深さの谷でした。石器時代を生きた日本人も、この山奥まで入ることはなかったでしょうが、もし当時この地を訪れていたら現代は対岸に見えるホテルとの間の水平にして 300 〜 400 メートルほどの距離を往復するのにも、300 メートル下って、300 メートル登る重労働だったのです。

古梓湖の深さおよそ 290 メートルから 115 メートルの地層では粘土や砂の層が水平に広がっていました。この事実は、上流から運ばれてきた土砂が湖水の中で静かに堆積していったことを示しています。その中に含まれていた木の幹の化石の年代を調べると、290 メートルの深さで 1 万 2000 年前という結果が出ました。湖の底近くにあった樹木は 1 万 2000 年前に生きていたということは、湖の出現も大体その頃と考えられます。地球上では最後の氷期が終わって、温暖化に向かっていた頃です。穂高の山々の山頂付近にはまだ氷河が残っていたかもしれません。

その頃、焼岳付近では東側のアカンダナ山（2109 メートル）は噴火の記録はありませんが、頂上に溶岩ドームを有する成層火山で、活火山です。1万 5000 年前頃から噴火活動が活発になり、梓川のせき止めが始まりました。そして 1 万 2000 年前頃には湖が出現していました。私がよんだ古梓湖を信州大学の研究者たちは「古上高地湖」と命名しました。

深さ 115 メートル付近には南九州の大噴火の火山灰が堆積していることが明らかになりました。この火山活動が 7300 年前頃ですから、古上高地湖は 5000 年以上も存在を続け、その湖底には静かに土砂が堆積していったのです。信州大学の研究者たちは古上高地湖の大きさを「長さ 12 キロメートル、幅 2 キロメートル、もっとも深い場所 500 メートル、湖面標高 1550 メートル、貯水量 30 億トン（黒部湖の 15 倍）」としています。

その後、梓川は焼岳火山群の東麓を削り、流路を見出し、松本盆地へと流れ出したのです。南西側に流れ出ていた梓川は北東に流れを変えて松本盆地に入ります。現在は上流から梓湖をつくった奈川渡ダム、稲核ダム、水殿ダムがつくられ、梓川は貴重な水資源、電力資源として利用されています。

平坦に干上がった湖水の底だった上高地には植生が復活して、現在見られる姿に近づいてきました。そこに最後のポイントを加えたのも焼岳でした。1915（大正 4）年 2 月降灰を伴う噴火が発生し始めました。地震が群発していた 6 月 6 日、山頂にある溶岩ドームの東斜面に亀裂が生じ大噴火の発生となりました。噴火の爆風は山麓の立木をなぎ倒し流れ出た泥流が梓川の流れを止めました。その結果、梓川の流域の立木をそのまま留めて池が出現し「大正池」と命名されました。この大正池の出現により穂高の山岳美は一層増しました（**写真 4.3-4、写真 4.3-5**）。

その後、焼岳の噴火が起こると土石流が大正池に流れ込み池の面積を縮小させつつあります。一般的には、土砂の流入があり地球上の湖水の寿命は数千年程度といわれています。古上高地湖の寿命はまさにその程度でしたが、はるかに小さな大正池がどこまで寿命を延ばしてくれるか、人工的には浚渫などで寿命を延ばしてもそれほど長くはもたないでしょう。まさに自然の営みにしたがうほかありません。

写真 4.3-3 **岳沢付近から流れ出た梓川の支流**

写真 4.3-4 **立木が残る大正池**

写真 4.3-5 **上高地の田代湿原と穂高連峰**

4.4　日高山脈

北海道でただ一つの山脈である日高山脈は、北海道中央南部に位置し、北の狩勝峠から南の襟裳岬まで長さ140キロメートルの山脈で、最大の幅は東西およそ50キロメートルです。最高峰の幌尻岳（2052メートル）こそ2000メートルを超えますが、後は1500～2000メートルの山稜が続いています。稜線には両側が険しいナイフリッジが続く、峻険な山脈です。日本列島内では日本アルプスとともに頂上付近に氷河地形の残る山脈ですが、氷河地形の詳細は7.2節（171ページ）で述べます。

地形が急峻なため山脈を横断する道路は、北部の狩勝峠（新狩勝トンネル）、日勝峠、南部の野塚トンネルと襟裳岬付近の海岸道路を除けば、なきに等しいです。登山道がある山も少なく、林道を歩くか沢登りが主流になります。

日高山脈はおよそ1300万年前、日本列島が大きく曲がった後に、プレートの衝突で盛り上がった、つまり造山運動でできた地形です。当時の北海道は浅い海でした。そこへ東側から太平洋プレートに押された形の千島弧が押し寄せてきました。北の方にあった北アメリカプレートも南下してきて、西側にあったユーラシアプレートと衝突して北海道の背骨ができました。

日高山脈の特徴は地下で高温高圧によって、そこに存在していた海底で堆積した地層が溶けてマグマとなり、活発な火山活動が起こったことです。堆積していた地層の岩石が溶けて、その結果形成された岩石（これを変成岩と総称します）が現在の山体を形成しています。

写真 4.4-1 北海道様似町から見たアポイ岳

島弧深部の上部マントルから地殻の岩石が地表面に現れて山脈となっています。日高変成帯とよばれ、互いに重なり合う地層は地質学の教材になるとともに研究対象でもあります。そんな地層が観察できる条件の整った山脈なのです。

地質学的に見て非常に興味のある山があります。日高山脈の南部に張り出した支稜線の南西端に位置する一等三角点で810.5メートルのアポイ岳です。太平洋に面した様似町冬島が所在地です。山体が「幌満かんらん岩」で構成されている特殊な自然体系が構築されています。標高が低いのに特別な岩体のため森林が発達せず、高山植物の宝庫になっています。

アポイ岳（**写真4.4-1**）は山体全体がかんらん岩でできています。かんらん岩はマントル上部50～1300キロメートルに存在する岩石で、俗にマントル物質と呼称します。かんらん岩はカンラン石や輝石など三種の鉱物からできています。もっとも多い割合で含まれるのがカンラン石で、その美しい結晶は８月の誕生石の「ペリドット」です。マントル深部で晶出します。カンラン石の学名は「オリビン」でその美しいオリーブ色に由来しています。

オリビンはハワイ島の火山から流れ出る溶岩や南極エレバス火山の溶岩にも数多く含まれます。これらの溶岩は玄武岩質溶岩で地下深部から上昇してきます。その途中で多くのカンラン石が溶岩の中に取り込まれます。ハワイ島ではペリドットを「ハワイアン・ダイヤモンド」とよんでいます。しかし、日本の火山では伊豆大島の溶岩に小さな結晶が含まれますが、ハワイや南極のエレバス山のような大きな結晶は見られません。

かんらん岩は地球内部から上昇する過程で水と反応して「蛇紋岩」という岩石になります。ところがアポイ岳のかんらん岩はほとんど変質せずに地上に現れています。含まれるカンラン石の割合の違いや、そのほかの鉱物の違いなど、さまざまなタイプのかんらん岩が存在することから、その生成のもとになったマグマがどのような過程を経てできるか、そのときの地球内部の有様を知る貴重な地質学の標本になっています。かんらん岩の学名は「ペリドタイト」ですが、アポイ岳のかんらん岩は「幌満かんらん岩（ホロマンペリドタイト)」の名で世界に知られています。アポイ岳のかんらん岩層は研究者たちにとっても、学問的に興味を注がれる場所です。

4.5 中央構造線

中央構造線は関東から四国、九州まで日本列島を横断するように延びる長大な断層線です。その原型はおよそ1億4000万年前から1億年前にさかのぼります。もちろん日本列島が形成されるはるか前の話です。当時は日本列島の原型となる地層はユーラシアプレート（アジア大陸）の東の縁に広がる浅い海でした。そこに中央構造線の原型となる断層が出現しました。アジア大陸の原型が乗るユーラシアプレートとその東側の海のイザナギプレートの間の断層運動です。

約7000万年前イザナギプレートが北上してユーラシアプレートの下に沈み込んでおり左横ずれの断層運動が始まりました。以後、断層運動をくり返しおよそ1400万年前、日本列島が湾曲を始めた頃、西南日本に中央構造線が形成されました。

中央構造線は九州の別府－島原地溝帯から四国北部を横切り、淡路島の南端を経て紀伊半島に入ります。紀伊山地の北側から高見山地を通り、伊勢湾、三河湾を抜けて豊川から伊那山地へと続きます。中央構造線はここで本州の内陸側に逆U字型に湾曲しながら入り込み、関東山地から埼玉県の秩父を経て、茨城県の鹿島灘に抜けています。

九州からほぼ東西に走っていた中央構造線が関東付近で内陸側に湾曲したのは、伊豆半島が本州に衝突したからです。このため丹沢山地や関東山地が内陸に大きく曲げられ、また関東平野の堆積層の下になり、部分的にしか中央構造線の岩石を追跡できないのです。

ここでは内陸に曲げられた先端地域になる諏訪湖から伊那山地付近で中央構造線を眺めてみることにします。長野県の大鹿村は中央構造線が南北に横切っていることはすでに述べました（4.2節：103ページ）。中央構造線はフォッサマグナと違って文字通り二つの異なる地層の境界を示す数十センチメートルから1メートル程度の幅の「線」です。その線の北側（内陸側）には領家変成帯、南側（海側）には三波川変成帯とよばれる地層が存在し、その境界が関東から九州まで1000キロメートル以上も続いているのです。

大鹿村の北端にある北川露頭や南の青木川にある安康（あんこう）露頭は、その境界面

写真 4.5-1 **長野県大鹿村中央構造線博物館の「中央構造線」の標識**

写真 4.5-2 **大鹿村中央構造線博物館の前庭を南から北へ通る中央構造線**
左側が領家変成帯、右側が三波川変成帯の岩石が展示されている

写真 4.5-3 **中央構造線の境界が露呈している長野県大鹿村の北川露頭**
赤茶色が境界の破砕帯で左側が領家変成帯。右側が三波川変成帯

写真 4.5-4　**中央構造線の長野県大鹿村の北川露頭から南を見た景観**
川の右側が領家変成帯、左側が三波川変成帯

写真 4.5-5
急峻な祖谷川にかかるかずら橋
四国山地は中央構造線の南側に位置する三波川変成帯に属し祖谷川はその山地を侵食している

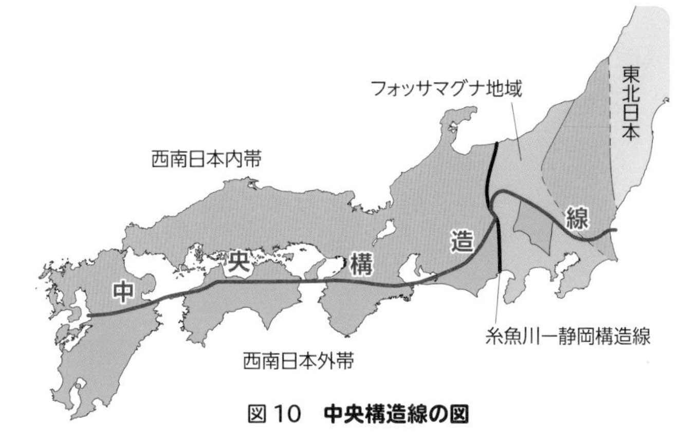

図 10　**中央構造線の図**

が露出していて岩肌が見られることで知られています（**写真 4.5-3、写真 4.5-4**）。中央構造線の話になると必ずといっていいほど、専門家の口からは「領家……」「三波川……」などの名称が出てきます。なお露頭とは地下の岩盤が露出している場所です。多くはその上に泥や砂の堆積物があって見ることができませんので、地下の岩石に直接触れられる場所は研究者には貴重な場所なのです。大鹿村では構造線の通る真上に「大鹿村中央構造線博物館」を建設し、啓蒙に努めています（**写真 4.5-1、写真 4.5-2**）。

中央構造線を先ほどと逆に東から西へと見ていきますと、大鹿村からさらに南西に延び伊那山地の遠山郷を通り、愛知県の豊川から三河湾に入ります。伊勢湾では二見が浦は中央構造線の南側になります。三重・奈良県境には倶留尊山（くろそやま）（1037 メートル）が位置します。約 1500 万年前に活動した室生火山群の最高峰です。山の稜線は南北に延び、東側斜面には 1 キロメートルにわたり高さ 200 メートルの柱状節理の大障壁が見られます。西側斜面は緩やかなスロープの山麓です。その西側には曽爾（そに）三山とよばれる鎧岳、兜岳、屏風岩の溶岩円頂丘が並びます。南側に位置する国見山（1419 メートル）、高見山（1248 メートル）の高見山地は神武天皇神話の残る山々です。

中央構造線は紀の川沿いに西に延び、紀淡海峡から鳴門海峡を経て四国に入ります。四国東部、徳島・高知県境に位置するのが剣山（つるぎさん）（1955 メートル）で、中央構造線の南側（外帯）に広がる剣山地の主峰です。剣山に源を発する祖谷川は四国山地を鋭く侵食し、現在でも秘境の景観が残り、平家の隠れ里の一つが山麓にあります。祖谷川の渓谷は断崖絶壁が多く、大歩危、小歩危の峡谷が並びます。渓谷にかかる「かずら橋」（**写真 4.5-5**）は国の有形民俗文化財に指定されています。

四国第一の高峰の石鎚山（いしづちさん）（1982 メートル）は四国西部、愛媛・高知の県境を東西に走る石鎚山脈の主峰です。石鎚山脈は中央構造線の南側に位置しています。最高点の天狗岳、石鎚神社がある弥山、南尖峰を合わせて石鎚山とよびます。山脈の北麓の四国中央市から西条にかけては、中央構造線に面して明瞭な石鎚断層崖が見られます（**図 10**）。

中央構造線は佐田岬半島から九州に入り、大分県中央部から熊本県を通り、島原湾へと続きます。

4.6　北上山地と阿武隈高地

北上山地は岩手県から宮城県へ続く長さ150キロメートルに及び、ほぼ中央に位置する早池峰山（1917メートル）を除くと、ほとんどが1000メートル前後、あるいはそれより低い山が連なっています。西側は北上川が流れ、東側は太平洋に面していて山地の縁がリアス式海岸を形成しています。

阿武隈高地は宮城県南部から福島県を通り茨城県北部まで140キロメートル、山地中央付近の大滝根山（1192メートル）を除くとほとんどが1000メートル以下の山です。仙台平野や仙台湾を挟み、北の北上山地に通じ、東側は太平洋に面し、西側は阿武隈川が流れています。福島県ではその東側山麓を「浜通り」とよんでいます。

この二つの山地は東北地方では古い岩石からできている山です。1億年以上前、大陸の東側の浅い海に堆積してできた堆積岩類が、その後のプレートの沈み込みによって寄せ集められ盛り上がったと考えられています。その堆積岩類の中にそれを貫くように花崗岩類が分布しています。その造山運動の過程で多くの変成岩が生み出されました。その過程は地質学の研究者にとっては、大変興味の湧く場所で、阿武隈高地もまた日高山脈と同じように地質学の教科書に載るような現象（露頭）が点在している山です。

標高の低い二つの山地や高地は、その標高が1000メートル程度で、比較的よくそろっています。山頂付近には広い平坦地があり、山地全体は高原状に見えます。この平坦な面は、この山地が長期にわたって侵食され続けて創出された準平原の跡だと考えられています。

準平原とは緩やかに波打つような平坦な地表面です。一つの侵食作用が完全に終わったときに現れる地形で、地表面の変化のサイクルに含まれます。

準平原は2000万年前頃までに、海面付近で形成されましたが、200万年くらい前から再び隆起を始めました。その隆起速度はおそらく1年に数ミリメートルと、かなり速い速度で隆起し、現在の高さになったのでしょう。

現在は河川による浸食が再び始まっていて、元の準平原が山頂や尾根として残っているのだと推定されています。

写真 4.6-1　浄土ヶ浜（岩手県宮古市）　北上山地が太平洋に接するリアス式海岸の最景勝地。白い流紋岩が奇岩を創出

写真 4.6-2
本州最東端の鉄道駅・岩手船越
三陸鉄道リアス線はリアス式海岸を縫うように走る全長163 キロメートル。「三陸ジオパーク」は青森県八戸市から岩手県沿岸を縦断して宮城県気仙沼市まで。その海岸線は約300 キロメートルに及ぶ

写真 4.6-3
宮城県気仙沼市
北上山地の支脈の幅広い谷に漁港が発達している

JAPANESE
ARCHIPELAGO

第5章

湖水

摩周湖

5.1 湖水の成り立ち

地球上の表面の窪んだところに水が溜まると湖水が出現します。窪みは河川の流れ、氷河、風などによる浸食作用で生じますし、土地の変動で陥没も生じます。浸食作用で生じた窪みは細長いものが多く、谷とよぶこともあります。しかしその谷の下流や末端が、山崩れや、風や潮流の作用で埋められると、流れは止められ湖水が出現します。湖水の出現の原因は次のように大別されます。

1. 断層でできた湖
2. 海跡湖(かいせきこ)
3. カルデラとマール（火山作用によってできた湖水）
4. せき止め湖
5. 人造湖
6. 氷河湖

断層は地殻内の割れ目を境に、両側の地層が食い違っているところを指します。食い違う面を断層面とよびますが、その面が直接地表に現れると断層崖といいます。断層面は浸食されやすいので、川の流路や、深い谷などに断層が走り、大きな窪地が出現するのです。なお地震は地下で断層が動くと発生します。断層は地震の親です。

海岸に潮流によって砂が運ばれ堆積し砂州が形成されますが、その砂州が堤防となって陸側に湖水が出現します。また河川によって運ばれた土砂が堆積して河口を海と分離して出現した湖水もあります。これらは海跡湖とよびます。

火山地域では噴出物が多いと地下に空洞が生じ大規模な陥没が起こります。この陥没地形がカルデラですが、その窪地に水が溜まるとカルデラ湖の出現になります。また火山の頂上付近に点在する円形の噴火口に水が溜まると火口湖が出現します。また火山噴火で噴出した大量の溶岩流や火砕流の堆積物の上に窪地ができ、大小の池が出現することもあります。裏磐梯の五色

表 1　日本の湖沼の透明度

湖　名	透明度（m）	観測年月	現在の透明度（m）
摩周湖	41.6	1931 年 8 月	28.0
田沢湖	30.0	1926 年 3 月	4.0
猪苗代湖	27.5	1930 年 7 月	6.1
池田湖	26.8	1929 年 5 月	6.5
支笏湖	25.0	1926 年 5 月	17.5
倶多楽湖	24.3	1916 年 6 月	22.0

沼がその例です。

火山が多い日本では、火山噴火による噴出物が谷をせき止めてできた湖水も数多くあります。また河川によって運ばれた大量の土砂が、大きな河川の支流を塞ぎ、湖沼が出現することもあります。利根川の付近にはそのようにして生じた湖水が点在します。

日本の河川には数多くの発電用ダムが建設されています。そのダムによって河川はせき止められ、細長い人造湖が形成されます。この人造湖の特徴は一本の河川でも、次々にダムがつくられ、人造湖が並ぶ谷が出現します。農業用につくられた人造湖も多数存在しますが、この場合、その規模はそれほど大きくはありません。

湖水とはよべませんが、平坦な浅い窪地にできるのが湿原です。水溜まりの周辺ではミズゴケが生長し、それが泥炭化して周囲が盛り上がります。水の中ではミズゴケは生長しませんから水溜まりのまま残り、池塘ともよばれます。尾瀬ヶ原はそのよい例ですが、数キロメートルにわたって続く湿原に、小さな池が無数に点在しています（**写真 5.1-1**）。

北アメリカ大陸の五大湖、スイスのレマン湖、チューリッヒ湖など日本人の旅行者にも親しまれている湖は氷河が削った窪地に水が溜まった氷河湖です。残念ながら氷河時代でも日本には大規模な氷河は存在しませんでした。ですから日本には氷河湖も存在しません。日本アルプスや日高山脈に残る氷河地形のカール（圏谷）の底の窪みに夏の間だけ小さな池が出現する程度です。氷河湖ではなく氷河池です。

写真 5.1-1　尾瀬ヶ原に点在する池の池塘

湖では透明度が話題になります。栄養が豊富な湖ではプランクトンが発生し、それを食する生物も多数生育しますから、透明度はよくありません。逆に火山性の湖水の場合には栄養分が少なく、生物も少ないので透明度は増します。湖水の透明度は、直径 25 ～ 30 センチメートルの白い円盤を水中に下ろし、その円盤の見えなくなった深度で表します。季節によっては湖面に波が立ち、また環境の変化によっても水質の変化が起こります。

私が小学生の頃、日本でもっとも透明度の高い湖水は摩周湖で 41.6 メートル（1931 年 8 月測定）、2 番目は田沢湖の 30 メートル（1926 年 3 月測定）と教えられました（**表 1**）。これらの値は、「測定結果として過去にこのような測定値が得られている」ことを意味し、現在も透明度が高い湖であることを示してはいないことに注意してください。

ちなみに現在の摩周湖の透明度は 28 メートルで、『理科年表』では日本でもっとも高い値です。田沢湖の現在の透明度はたったの 4 メートルです。測定した頃と比べて、環境の変化により水質が大きく変化したことを示しています。

5.2 断層でできた湖

写真 5.2-1 **断層でできた琵琶湖**

写真 5.2-2 **フォッサマグナの西縁が通る諏訪湖**

断層でできた湖の代表は琵琶湖です（**写真 5.2-1**）。滋賀県の面積の 6 分の 1 を占め、400 以上の河川の流入により涵養され、南西端の瀬田川から流れ出し、宇治川、淀川を経由して大阪湾に注いでいます。また淀川流域の上水道として利用されるほか、京都市は琵琶湖疎水から取水しています。

現在の琵琶湖の面積は 670 平方キロメートル、周囲の長さは 41 キロメートル、最大水深は 103.8 メートル、平均水深 41.2 メートル、水面の標高は 85 メートルです。淡水湖の中栄養型で透明度は 6.0 メートルです。

琵琶湖が形成されたのは 400 万～ 600 万年前頃で、現在より南になる三重県西部の上野盆地付近にできた窪地に出現した構造湖（地殻の断層運動で出現した湖）でした。湖は次第に北に移動し、100 万年前には、その移動が北の比良山系に止められ、現在の位置に定着したようです。その頃は、琵琶湖の南東側に横たわる鈴鹿山脈はまだ出現していませんでした。

一般に湖沼の寿命は数千年から 1 万年程度といわれています。それは土砂の流入によって湖水が埋められていくからです。ところが琵琶湖は 400 万年前から 100 万年前に形成された湖で、地球上でも 13 番目に古い古代湖とされています。古代湖はロシアのバイカル湖やアフリカ東部のタンガニーカ湖など 20 湖ほどが存在するとされています。

琵琶湖には魚類 57 種、貝類 49 種の生息が確認され、ビワコオオナマズ、ニゴロブナ、ビワヒガイなど固有種も多いです。周辺住民にとっては大きな水産資源となっています。

湖面には竹生島、沖島など人工島を含めて 5 島が存在しています。また滋賀県民の投票によって琵琶湖八景が選定されているほか、湖畔周辺には神社仏閣や城郭など多くの史跡が点在しています。滋賀県にとっては一大観光資源でもあります。

福島県会津盆地東側、磐梯山の南麓に位置する猪苗代湖は、断層でできた盆地状の地形に、火山噴火による溶岩や土石流のために川の出口が塞がれて出現した構造湖（断層）です。面積は 103.3 平方キロメートル、標高 514 メートル、最大水深 93.5 メートル、平均水深 51.5 メートルとかなり深い湖です。酸栄養湖で透明度は 6.1 メートルですが、1930 年 7 月の測定では 27.5 メートルの記録があります。

長野県中央の諏訪盆地の中心をなす諏訪湖は、フォッサマグナの西縁に位置する典型的な構造湖です（**写真 5.2-2**）。面積は 12.9 平方キロメートル、標高は 759 メートル、最大水深 7.6 メートル、平均水深 4.6 メートル、富栄養型の湖水で透明度は 0.5 メートルです。天竜川に流れ出し、途中のダムは大きな電力供給源となっています。天竜川は急流としても名高く、静岡県から太平洋に流れ出ています。

冬季には湖面は結氷します。第二次世界大戦前までは氷上で戦車の走行や航空機の離着陸の訓練などもなされていました。アイススケートも行われていました。

結氷が続き一定の厚さまで成長すると湖面が盛り上がって割れます。この現象を「御神渡り（おみわたり）」とよび、その記録は古くから地元の諏訪大社に残っています。御神渡りの行事は神事として行われています。御神渡りが発生した時期、その長さなどは気候変動のよい指標とされています。

富栄養型の湖水ですので、生物は豊富です。諏訪湖の漁業はワカサギをはじめ、コイ、フナなどですが、ワカサギは大正年代に霞ケ浦から移入したものです。

同じく長野県北部のフォッサマグナの西縁には北から青木湖（**写真 5.2-3**）、中綱湖（**写真 5.2-4**）、木崎湖（**写真 5.2-5**）の仁科三湖がならび断層線を形成しています。最大の青木湖は面積 1.7 平方キロメートル、標高 822 メートル、最大水深 58.0 メートル、平均水深 29.0 メートル、貧栄養型で透明度は 9.8 メートルです。標高が高いのに冬季でも結氷しません。

流入河川がないのに水位が保たれているのは、湖底に湧水のあることを示唆しています。青木湖の北側は姫川の源流で西側の北アルプスからの伏流水が湧き出しています。青木湖内にも同じ現象があると推定されます。流出は農具川で中綱湖、木崎湖を経て高瀬川に合流最後は信濃川となって新潟県から日本海に流れ出ています。

写真 5.2-3　**フォッサマグナの西縁に並ぶ仁科三湖の一つ青木湖**　北にある

写真 5.2-4　**仁科三湖の中綱湖**　中央にある

写真 5.2-5　**仁科三湖の木崎湖**　南にある

5.3　海跡湖

河川が大量の土砂を運んできて、河口付近に堆積して、海と分離されて出現した湖水が海跡湖です。利根川の下流付近で、入江が土砂で海と分断されて生じたのが、霞ヶ浦やその海側に平行に並ぶ北浦です。

霞ヶ浦（西浦）は面積167.6平方キロメートルで、現在は琵琶湖に次いで日本で二番目の広さの湖水です。最大水深は11.9メートル、平均水深は3.4メートル、湖面の標高はほぼ海面と同じです。富栄養型の湖水で透明度は0.6メートルです（**写真5.3-1**）。北浦（霞ヶ浦・北浦）は面積35.2平方キロメートル、標高は海面とほぼ同じで、最大水深は7.8メートル、平均水深4.5メートル、富栄養型で透明度は0.6メートルです。霞ヶ浦は西浦

写真5.3-1　**霞ヶ浦と筑波山**

も北浦もともに淡水で、富栄養型なので漁業、特にワカサギ漁が盛んです。

霞ヶ浦の北にある涸沼（ひぬま）も海跡湖で面積は9.4平方キロメートル、最大深度3.0メートル、平均深度2.1メートルです。やはり富栄養型で透明度は0.6メートルです。ただ、霞ヶ浦が淡水湖なのに涸沼は汽水湖です。鹿島灘に面した茨城県の海岸には海跡湖が並んでいるのです。

遠州灘に面した浜名湖も海跡湖です。現在の面積は65.0平方キロメートル、最大水深13.1メートル、平均水深4.8メートル、中栄養型で透明度は1.3メートルです。浜名湖は砂州で太平洋とは切り離されていましたが、1498年の明応地震（M 8.2 ～ 8.4）で、砂州が崩壊し現在の形の汽水湖になりました。明応地震は日本の津波災害史上最大の犠牲者を出した地震で、現在なら巨大地震または超巨大地震とよべるものです。

地震津波での崩壊場所は今切口とよばれ、近くには弁天島があります。湖周辺ではウナギ、ノリ、スッポン、カキなどの養殖が盛んです。

鳥取県の中央部、海岸に面する東郷池（とうごういけ）も海跡湖で汽水湖です。面積は4.1平方キロメートル、湖面の高さは海面と同じ、最大水深は3.1メートル、平均水深2.1メートルです。湖畔には羽合温泉が湧出しています。その音合わせから現在は「はわい温泉」として宣伝されています。そのはわい温泉は湖畔ばかりでなく、湖の中にも露天風呂が設けられています。湖中にある温泉は日本でも、はわい温泉だけではないでしょうか（**写真 5.3-2**）。

島根県の宍道湖（しんじこ）（**写真 5.3-3**）、島根・鳥取県境の中海もまた海跡湖です。二つの湖水が本州と島根半島の間の地溝帯に並んでいます。西側に位置する宍道湖の西側は出雲平野ですが、東側の中海とは大橋川で続いています。出雲平野には出雲大社（**写真 9.3-2**）が鎮座し、出雲神話の故郷（ふるさと）です。宍道湖の面積は79.1平方キロメートル、湖面の高さは海面と同じで、最大水深6メートル、平均水深4.5メートル、富栄養型で透明度は1.0メートルです。シジミ漁が有名で、また名産品となっています。

中海は東側を弓ヶ浜の砂州で美保湾と仕切られ、汽水湖です。砂州の上には国際空港の米子空港や大型客船も接岸する境港があります。中海は宍道湖よりも広く面積86.2平方キロメートル、湖面の高さは海面で、最大深度17.1メートル、平均深度5.4メートル、富栄養型で透明度は5.5メートルです。中央付近には大根島があります。全長93メートルと81メートルの玄武岩質の古い溶岩トンネルが残っていることで知られています（**写真5.3-4**）。中海は1954年6月に干拓・淡水化事業計画が発表され進んでいましたが、2000年に干拓中止、2002年に淡水化事業の中止が決定されました。

秋田県男鹿半島の東側に広がった八郎潟（はちろうがた）も干拓が進む前は日本第二の面積を有する湖で海跡湖でした。現在は干拓が進み広大な農地が広がり一大穀倉地帯になっていますが、八郎潟調整池にその面影を留めています。現在の面積は27.7平方キロメートル、湖面は海面よりやや高く1メートルとされています。

北海道の北東海岸、オホーツク海沿岸から根室海峡、さらには太平洋にかけて、海岸線に沿って海跡湖が並びます。北から並べてみるとクッチャロ湖、コムケ湖、サロマ湖、能取湖、網走湖、涛沸湖、風蓮湖、厚岸湖などです。根室湾には砂州の野付半島が突き出て、独特の生態系が形成されています。

最大のサロマ湖は面積151.8平方キロメートル、最大水深19.6メートル、平均水深8.7メートル富栄養湖ですが透明度は9.4メートルです。冬季には全面結氷します。道内では最大、日本でも第三位の面積を有する湖水です。オホーツク海と仕切る砂州は全長25キロメートル、貴重な植物の宝庫で原生花園となっています。カキやホタテの養殖が試みられていましたが1960年代以降は、ホタテの養殖が特に盛んです。

風蓮湖は根室半島の付け根に位置し、直接根室湾に面しています。面積は57.7平方キロメートル、最大水深13.0メートル、平均水深1.0メートル、貧栄養で透明度は4メートルです。周囲には湿地が広がり、餌が得られやすいこと、外敵がいないことなどからタンチョウの営巣地であり、多くの水鳥が集まってきます。ラムサール条約の登録地でもあります。

写真 5.3-2
海跡湖・東郷池中に湧出する温泉

写真 5.3-3
宍道湖

写真 5.3-4
宍道湖の東側に位置する中海と大根島

5.4 カルデラとマール

日本の火山の中で大きなカルデラ湖とよべるものの多くは北海道に並んでいます。北海道東部には千島弧から延びる火山帯フロントの延長線上に位置する摩周カルデラ、屈斜路カルデラ、阿寒カルデラが並びます。摩周カルデラ（東西 5.5 キロメートル、南北 7.5 キロメートル）は約 7000 年前に屈斜路カルデラ（東西 26 キロメートル、南北 20 キロメートル）の東壁にあった成層火山の大規模な噴火によって生成されました。摩周カルデラの底には摩周湖（**第 5 章扉**）が、その南東岸には摩周岳（カムイヌプリ：857 メートル）がそびえます。

摩周湖の面積は 19.2 平方キロメートル、湖面の標高は 351 メートル、最大水深 211.4 メートル、平均水深 137.5 メートル、冬季には湖面は結氷します。貧栄養型で透明度は 28 メートルあることはすでに述べました。湖の中には 3500 ～ 1500 年前の噴火活動により出現したカムイシュ島があります。太平洋からの湿気の多い風が直接到達するので、霧が発生することが多く「霧の摩周湖」とよばれます。

屈斜路湖は面積 79.6 平方キロメートル、標高は 121 メートル、最大水深 117.5 メートル、平均水深 28.4 メートル、酸栄養型で透明度は 6.0 メートルです。湖面は隣の摩周湖より 200 メートルほど低いです。冬季は結氷します。東側の摩周湖との間には活火山のアトサヌプリ（硫黄山：508 メートル）があり、噴火記録はありませんが、ときどき地震が群発し、噴気活動が活発です。湖中には中島（355 メートル）があります。後でも述べますが屈斜路湖から流れ出した釧路川は釧路湿原を通って太平洋へと注いでいます。

三つ並ぶカルデラ湖の中で屈斜路湖の湖面の標高が一番低いです。ですからその東側の摩周湖との間に鉄道（JR 釧網本線）が整備されており太平洋側とオホーツク海側とを結んでいます。また屈斜路湖の西側には観光スポットの美幌峠が位置しています。

阿寒湖は面積 13.3 平方キロメートル、標高 420 メートル、最大水深 44.8 メートル、平均水深 17.8 メートル、富栄養型で透明度は 5 メートルで、マリモが自生することで知られています。湖面は摩周湖よりも 70 メートル、屈斜路湖よりは 300 メートルも高いのです。阿寒火山群が周辺一帯の地形を高く押し上げているのです。東側の雄阿寒岳（1370 メートル）は噴火記録がありませんが、南西側の雌阿寒岳（1499 メートル）はしばしば噴火をくり返しています。

道南の支笏カルデラの中央には支笏湖があります。面積 78.4 平方キロメートル、標高 248 メートル、最大深度 360.1 メートル、平均深度 265.4 メートル、貧栄養型で透明度は 17.5 メートルです。最大深度、平均深度ともその湖底は海面より低いのです。冬季でも結氷はしません。北側には恵庭岳（1320 メートル）、湖を挟んで南側には風不死岳（1102 メートル）、その南に樽前岳（1041 メートル）の活火山が並びます。恵庭岳には 17 世紀に発生した水蒸気爆発の痕跡が残っています。樽前岳では 17 世紀以後、現在までしばしば噴火をくり返し、溶岩ドームが出現しています。

支笏湖の南西には洞爺カルデラ（**写真 5.4-1**）があります。洞爺湖の面積は 70.7 平方キロメートルと支笏湖に次ぐ広さですが、湖面の標高は 84 メートルで、支笏湖よりも 150 メートル以上も低いです。最大深度 179.7 メートル、平均深度 117.0 メートルで支笏湖同様に湖底は海面より低いです。冬季は結氷せず、貧栄養型で透明度は 10.0 メートルです。南側に有珠山（733 メートル）、昭和新山（398 メートル）が、また湖中には洞爺湖中島（455 メートル）などがあります。

本州最北端の青森・秋田県境にあるのが十和田湖です。面積は 61.0 平方メートル、標高 400 メートル、最大深度 326.8 メートル、平均深度 71.0 メートル、貧栄養型で透明度は 9.0 メートルです。北東の端から奥入瀬川が流れ出し、太平洋に注いでいます。湖の南半分は突き出した二つの半島により東湖、中湖、南湖に分断されています。北側には八甲田の山々（最高峰・大岳：1585 メートル）が並んでいます。

秋田県の田沢湖は面積 25.8 平方キロメートル、標高 249 メートル、最大深度 423.4 メートル、平均深度 280.0 メートルで湖面は結氷する年もあればしないこともあり、一定ではありません。酸栄養型の湖水は、透明度が 30 メートルの時代もありましたが、現在は 4 メートルです。最大水深、平均水深とも日本の湖水の中では最大です（**写真 5.4-2**）。

神奈川県箱根の芦ノ湖は箱根カルデラの中で、中央火口丘の北側の大涌谷付近からの水蒸気爆発による土石流が流れを塞ぎ、およそ3000年前に出現しました。面積は6.9平方キロメートル、標高725メートル、最大水深40.6メートル、平均水深25.0メートル、中栄養型で透明度は7.5メートルです。湖の南端には毎年正月に行われる東京箱根間往復大学駅伝競走（通称：箱根駅伝）の往路のゴールおよび復路のスタート地点があり、新年早々必ず富士山とともに全国にテレビを通じて紹介される湖水です（**写真 5.4-4**）。

池田湖は鹿児島県薩摩半島南東部にある直径約3.5キロメートル、周囲約15キロメートル、ほぼ円形のカルデラ湖で、九州最大の湖水です。面積10.9平方キロメートル、標高66メートル、最大水深233.0メートル、平均水深122.5メートル、中栄養型で透明度は6.5メートルです。最深部は海面下167メートルです。湖底には直径800メートル、湖底からの高さ150メートルの湖底火山（湖の中にある火山）が確認されています。

湖の南側には開聞岳（かいもんだけ）（924メートル）、東側3キロメートルには鰻池（うなぎいけ）が位置します。鰻池は面積1.2キロメートル、標高4.2メートル、最大水深55.8メートル、平均水深34.8メートル、中栄養型で透明度は7.6メートルです。火山噴出物が火口周辺に堆積していないマール（爆裂火口）と考えられています。名前の通り周辺ではウナギの養殖が盛んです。

マールの代表とされ、教科書にも引用されるのが秋田県男鹿半島の一ノ目潟で、二ノ目潟、三ノ目潟とともに男鹿目潟火山群を構成しています。一ノ目潟は0.26平方キロメートル、標高87メートル、最大水深42.0メートルが測定されています。湖底には「年縞（ねんこう）」とよばれる縞状の堆積物があり、過去の周辺の環境を知ることができる、世界的にも珍しい場所になっています。

霧島山系の御池（みいけ）（305メートル：**写真 5.4-3**）は面積0.72平方キロメートル、最大水深93.5メートル、平均水深57.7メートル、貧栄養型で透明度は3.1メートルです。えびの高原の不動池もマールと考えられています。えびの高原にはほかに白紫池（びゃくしいけ）、六観音御池（ろっかんのんみいけ）の火口湖が並び、大浪池（おおなみのいけ）は最大水深11メートルなど、霧島山系内には多数の噴火口跡に水が溜まってできた

写真 5.4-1　**洞爺カルデラ**　洞爺湖と羊蹄山

写真 5.4-2
田沢湖畔にあるたつこ像

写真 5.4-3
霧島山系御池マール
後ろ中央は高千穂峰

火口湖が点在しています。えびの高原の標高はおよそ1200メートルで、白紫池はその中でももっとも高く、冬季は凍結して、スケート場が開かれていた時代もありました。おそらく日本列島最南端の天然スケート場です。私は東京大学の霧島火山観測所に勤務していたとき、スケートをこの白紫池のスケート場で覚えました。

火口湖で大きいのは草津白根山（本白根山：2171メートル）の湯釜です。面積は0.06平方キロメートル、標高は2033メートル、最大水深30メートルと測定されています。蔵王山（最高峰は熊野岳：1841メートル）の御釜の水深は38メートルの記録があります。山頂付近の火口湖は噴火が起これば大きく変化しますし、消滅することもあります。

日本で深い湖はほとんどカルデラ湖です。しかも湖面の標高と最大水深を比較すると、田沢湖は174メートル、池田湖が167メートル、支笏湖が112メートル、洞爺湖は96メートルとそれぞれ湖底が海面より低い位置にあるのです。このように海面下に達する窪地を「潜窪（せんか）」とよびます。

写真 5.4-4　**箱根カルデラの芦ノ湖**

5.5 せき止め湖

栃木県日光の中禅寺湖（**写真 5.5-1**）はせき止め湖としては日本最大です。男体山（2486 メートル）の南に広がる盆地状地形に、噴火によって土石流が流れ込み、湖が出現しました。面積が 11.8 平方キロメートル、標高は 1269 メートル、最大水深 163.0 メートル、平均水深 94.6 メートル、貧栄養型で透明度は 9.0 メートルです。標高は高いですが冬季も結氷はしません。現在生息する魚はすべて放流されたものです。北東端から大尻川が流れ出し、華厳の滝からは大谷川となり、最終的には利根川に入って太平洋に流れ出ています。

福島県裏磐梯の桧原湖、秋元湖、小野川湖などは磐梯山の噴火によるせき止め湖であることはすでに述べました（47 ページ）。その中では桧原湖が最大の面積 10.7 平方キロメートルを有し、標高は 822 メートル、最大水深 30.5 メートル、平均水深 12.0 メートル、中栄養型で透明度は 4.5 メートルです。湖面は冬季には結氷します。

山梨県の富士五湖も、富士山の噴火による噴出物でせき止められて出現した湖水です。最大の山中湖は面積 6.8 平方キロメートル、標高 981 メートル、最大水深 13.3 メートル、平均水深 9.4 メートル、中栄養型で透明度は 5.5 メートルです。河口湖は面積 5.7 平方キロメートル、標高 831 メートル、最大水深 14.6 メートル、平均水深 9.3 メートル、富栄養型で透明度は 5.2 メートルです。この二つの湖水は全面結氷しますが、本栖湖（**写真 5.5-2**）、西湖、精進湖などは、標高が 900 メートルと高いのに、必ずしも全面結氷はしないようです。

北海道渡島半島南東部の駒ヶ岳（1131 メートル）の南側には、駒ヶ岳の噴出物の堆積によってせき止められ、創出された大沼、小沼、ジュンサイ沼など、大小の湖沼群が並びます。駒ヶ岳など周辺を含めての総称として大沼ともよびます。

湖水の大沼は面積 5.3 平方キロメートルと最大で、標高は 129 メートル、最大水深 11.6 メートル、平均水深 5.9 メートル、富栄養型で透明度は 2.5 メートルです。西側に並ぶ小沼は面積 3.8 平方キロメートル、標高は同じで 129 メートル、最大水深 4.4 メートル、平均水深 2.1 メートル、富栄養型で透明度は 1.5 メートルです。両沼の接する部分を中心に合計 100 以上の大小の島々が湖中に点在し美しい自然景観を呈します。冬季には結氷します。やや北に離れたジュンサイ沼ではジュンサイが採れるとともに、冬季のワカサギ釣りが有名です。

裏磐梯、富士五湖、大沼など、火山噴火による土石流では、比較的狭い地域に、数多くの湖水がつくられています。その結果として箱庭的な風景が広がり観光地として繁栄している地域が多いです。

本流が多量の土砂を運んできて、支流の谷の入り口を塞ぎ、浅い沼をつくることがあります、千葉県北西部に位置する手賀沼や印旛沼(いんばぬま)などがその例です。両沼とも利根川水系に属しています。都会近くにある水資源として、周辺は住民の憩いの場ともなっています。

手賀沼（**写真 5.5-3**）は面積 4.1 平方キロメートル、標高はわずか 3 メートルです。最大水深 3.8 メートル、平均水深 0.9 メートル、富栄養型で透明度は 0.4 メートルです。千葉県による干拓事業が進み、沼の多くが水田になりました。また流入する河川の汚染が進み、水質も悪くなりましたが改善され、現在は手賀沼の水は農業用水としても利用され、コイやフナなどの漁業も行われています。

印旛沼は面積 8.9 平方キロメートル、標高はわずかに 2 メートル、海岸から直線距離にしても 30 キロメートル以上離れているのに、海面との差は 2 メートルです。最大水深 4.8 メートル、平均水深 1.7 メートル、富栄養型で透明度は 0.8 メートルです。手賀沼と同じように 1950 年代から水環境は悪化していましたが、現在では改善が見られます。農業用水、工業用水として使われるほかコイやフナなどの漁業も行われています。

写真 5.5-1 **中禅寺湖**

写真 5.5-2 **本栖湖と富士山**

写真 5.5-3 **手賀沼**

5.6 人造湖

日本の人造湖の代表は、やはり水力発電専用のダムとして建設した黒部第四ダムにせき止められてできた黒部湖（**写真 5.6-1**）でしょう。富山県立山町の黒部川水系に建設されました。関西電力が 1956 年に着工、171 人の殉職者と 7 年の歳月をかけ 1963 年に完成しました。

ダムはアーチ式コンクリートダムで、アーチの部分と両岸の基盤岩との接触部分は数センチメートルの厚さのゴムの板です。高さは 186 メートル、堰堤の長さ 492 メートルです。黒部ダムの水は右岸の取水口から、山の中に掘られた専用トンネル（導水路）を通って、約 10 キロメートル下流の地下に建設された黒部川第四発電所（黒四）に送られ、ダムとの落差 545 メートルの位置エネルギーで発電されているのです。

ダムから放水する光景は、観光の目玉の一つです。放水は霧状になされて

写真 5.6-1　**黒部湖と立山連峰**

いますが、これは水の落下で基盤岩が削れることを防ぐ目的もあるのです。

黒部湖の貯水量は2億トン、最大出力33万5000キロワットです。

黒部湖の出現で北アルプスのもっとも奥の秘境に、富山県側から、また長野県側からもアクセスが容易にできるようになり、周辺一帯は老若男女誰でもが訪れることのできる一大山岳観光地となりました。

御母衣(みぼろ)ダムは岐阜県白川村、庄川最上流部に建設された発電専用のダムです。1957年に着工して1961年に完成しました。ロックフィルダムという工法で、近くの山を爆破してその土石を積み上げ、高さ131メートル、堰堤の長さ405メートルのダムによって、御母衣湖が出現しました。

湖底に沈む予定の2本のエドヒガンザクラの老木（重量が35トンと38トン）を200メートル引き揚げ、1500メートル移動させるという計画が実行され、移植から10年後の1970年には両老木が満開の花をつけるまでになり、住民たちを喜ばせ、庄川桜として大切に保護されています。

御母衣湖の総貯水量は3億7000万立方メートル、湖の表面の面積である湛水(たんすい)面積は880ヘクタールで、発電の出力は7万3000キロワットです。

御母衣ダムはコンクリート方式のダムとして計画されましたが、地質調査の結果、周辺の岩盤が弱く、コンクリートのダムでは耐えられないことが明らかになりました。そこでロックフィルダムの方式に変更したのですが、当時は日本でのロックフィルダムの経験は堰堤(えんてい)の高さが100メートル以下のダムばかりで幾多の困難を乗り越えて完成したダムであり、湖です。

満濃池は香川県まんのう町にある日本最大の灌漑用のため池で、国の名勝に指定されています。空海が改修したことでも知られています。湖面の面積は1.4平方キロメートル、最大水深30.1メートルで、貯水量は0.0154立方キロメートルです。周囲約20キロメートル、満濃太郎の異名があります。

701～704年頃（大宝年間）讃岐の国守が創築しましたが、洪水などにより、たびたび決壊し、修理がくり返されていました。821（弘仁12）年に空海が築池別当として派遣され、約3か月で工事は完了しましたが、その後も決壊、復旧がくり返されました。現在は堤の高さ32メートル、堤の長さ155.8メートル、周囲19.7キロメートル、貯水量は1540万立方メートル、満水面積138.5ヘクタールで灌漑面積は3239ヘクタールです。

5.7 湿 原

湿気の多い土壌に発達した草原を湿原とよびます。高原などの低温地域では動植物の枯死体の分解が進まないため、泥炭が堆積しています。尾瀬ヶ原、八甲田山、霧ヶ峰の八島ヶ池の湿原に見られるように、湿原の水溜まりの周囲にだけミズゴケが生長し、次第に泥炭となって盛り上がるのに対し、水溜まりでは、ミズゴケが生長しないから低いまま残り、その中に浅い池が形成されています。池塘（ちとう）とよばれる池も出現します。

群馬・福島・新潟県境に位置する尾瀬は標高1400～1500メートルに広がる尾瀬ヶ原（**写真5.7-1**）と尾瀬沼（**写真5.7-2**）の湿原の総称です。北東端に位置する燧ヶ岳（ひうちがたけ）（2356メートル）は活火山で、その活動により只見川がせき止められ、尾瀬が生まれました。20世紀の初め頃から尾瀬を利用した大規模な電源開発の計画が発案されましたが、地元の人々と植物学者らの強い反対で、現在の尾瀬が維持されました。

本州の中央に位置する尾瀬の基盤は2億年前のユーラシア大陸の東側の浅い海の底に堆積した地層です。200万年前頃になると、隆起によって日本列島が形成されてきており、その岩盤を突き破って火山活動が始まり、溶岩の流出で大きな山体が形成されてきました。

数十万年前になると尾瀬を囲む山々で火山活動が次々に起こり、おぼろげながら現在の盆地状の形ができてきました。火山からの大量の噴出物は盆地の中にも堆積していきました。その後、現在の只見川によって堆積物のほとんどが削り取られ、尾瀬沼、尾瀬ヶ原の盆地が形を現してきました。

およそ5万年前頃になると現在の尾瀬ヶ原の東側の燧ヶ岳が噴火活動を始め、大量の溶岩の流出が始まりました。西側に流れた溶岩は北に流れ出していた只見川をせき止め、尾瀬に大きな湖が出現しました。水深200メートルと推定されるこの湖水を古尾瀬ヶ原湖とよぶ専門家もいます。しかし、この湖は1万2000年前には消滅したようです。只見川には平滑の滝、三条の滝がありますが、この頃に出現した滝なのです。

5000年前になると南に流れ出た溶岩は沼尻川をせき止め、尾瀬沼をつくり出しました。

写真 5.7-1　尾瀬ヶ原と燧ヶ岳

尾瀬ヶ原は、古尾瀬ヶ原湖が存在していた頃には湖底に粘土質の層が堆積していました。古尾瀬ヶ原が消滅した後は、尾瀬ヶ原の盆地内にはいくつもの川が蛇行しながら流れていたと推定されます。その流れによって湿原内には土砂の層が形成されました。

地球上の最後の氷期は1万8000年前に終わりましたが、地球は少しずつ暖かくなり、それとともに水蒸気が増えたので、日本列島の日本海側への積雪は増えていきました。その結果、尾瀬ヶ原のような水はけの悪い地域には湿原ができ始めました。そして水溜まりの周辺にはミズゴケが生え、枯れたミズゴケは泥炭となり、尾瀬ヶ原全体に泥炭の層ができたのです。

5000年前には尾瀬ヶ原はほぼ現在の高層湿原の形になり、池塘とよばれる水溜まりや無数の小さな流れがある湿原となったのです。

尾瀬は高山植物の宝庫となりました。残雪が消える5月の中旬になるとまず水芭蕉(みずばしょう)が咲き始め、キクザキイチゲも咲き出し、下旬にはフキノトウが顔を出し、ザゼンソウやショウジョウバカマが咲き出します。それぞれの開

写真 5.7-2　**尾瀬沼**

花の時期は3週間程度です。6月に入るとタテヤマリンドウ、ハクサンチドリなどが続きます。ニッコウキスゲが咲き始めると、尾瀬は盛夏を迎えます。7月にはラン科のトキソウ、サワランが可憐な花を咲かせ始めます。7月中旬にはコオニユリ、8月上旬にはサワギキョウ、オゼヌマアザミやオゼミズギクなど尾瀬特産の花が咲き始めます。8月下旬には秋を告げるエゾリンドウが咲き始め、5か月にわたる高山植物の開花ショーは終わりになります。

奥羽山脈の最北端に位置する八甲田山は大岳を中心とする北八甲田連峰と櫛ヶ峰（1517メートル）を主峰とする南八甲田連峰に分かれます。北八甲田連峰（主峰・八甲田大岳：1584メートル）の北東山麓には雪中行軍の悲劇の場所となった田代平が開けています。現在は牧場もあり湿原植物群の宝庫となっています。

1902（明治35）年1月、世界の山岳遭難でも例を見ない悲劇が起こりました。雪中行軍の目的は厳寒の時期に青森市の陸軍・青森連隊駐屯地から八甲田山を経て、現在は十和田市になる三本木に進出できるか否かを判断することでした。参加者210名中、生存者は11人の大量遭難になりました。その慰霊碑などが立っているのが田代湿原近くです。遭難の大筋は新田次郎の『八甲田山死の彷徨』（新潮社、1971）を参照してください。

八甲田大岳の西斜面には上毛無岱（かみけなしたい）、下毛無岱の湿原が並びます。上下を結ぶのは急な木製の階段ですが、上から湿原を見ると池塘群の点在がよくわかります。また八甲田ロープウェイの山頂高原駅付近には田茂萢（たもやち）湿原もあります。どの湿原も季節には高山植物の宝庫となります。

山麓には温泉も豊富ですが、特に酸ヶ湯（すかゆ）温泉は江戸時代から栄えています。千人風呂は現在も混浴で、四分六分の湯などの浴槽があります。

北海道南東部の釧路平野に位置する釧路湿原は低地にある湿原で、全国の湿原面積の3割を占め、東京都の中心部がすっぽりと入る、日本最大の湿原・湿地です。面積は1万8290ヘクタールで、中心を釧路川が蛇行しながら流れています。釧路川の東側には塘路湖（とうろこ）、達古武湖（たっこぶこ）など比較的大きな湖沼が並び、湿原の中にも小さな湖沼が点在します。また泥炭層の小さな穴に水が溜まって底なし池塘のようになった「谷地眼（やちまなこ）」があちこちにあります（**写真5.7-3**）。

最後の氷河期には地球上の海面が低下していたので、現在の釧路湿原の地域も完全に陸地になっていました。氷期が終わり、地球が暖かくなってくると海面が上昇し6000年前頃には、海面は現在より最大20メートルくらいは高かったと推定されています（これを日本では縄文時代の海岸線の意味で縄文海進とよびます）。この時期は釧路湿原の地域は浅い湾になっていました。4000年前になると海面低下が始まり、日本列島も現在の海岸線が形作られました。釧路湿原では湾口に砂州が発達して内陸部は水はけの悪い冷涼多湿な沼沢地となりました。その沼沢地に生い茂ったヨシやスゲが泥炭化して湿原が形成され、3000年前にはほぼ現在の景観が形成されました。

湿原とその周辺には約700種の植物、生物は哺乳類39種、魚類38種、鳥類200種が確認されています。タンチョウの繁殖地としても有名です。また日本最大の淡水魚、イトウやシマフクロウなどの希少動物も生息しています。

湿原内のいくつかの場所には展望台が設けられ、遊歩道も整備されています。JR釧網本線が湿原地内を通るため、釧路湿原駅（**写真5.7-4**）が設けられており近くには展望台も設置されています。どのような国策があったのか知りませんが、こんな湿原の中に鉄道を敷設するのは大変な工事だったろうと現在でも推測可能です。釧路川をカヌーで下り湿原を楽しむこともできます。

釧路川は屈斜路湖から流れ出て、釧路湿原を形成し、太平洋に流れ出る長さ154キロメートル、流域面積2510平方キロメートルの河川です。屈斜路湖の湖面は標高121メートルですから、その高低差を154キロメートルの距離で下ることになります。湿原では低い土地を求めて釧路川は蛇行をくり返しています。

北海道の北部に位置するサロベツ原野や南東端に位置し太平洋に面している霧多布（きりたっぷ）湿原も釧路湿原と同じような経過をたどって創出されました。

写真 5.7-3 **釧路湿原の木道**

写真 5.7-4 **JR 釧網本線釧路湿原駅**

第6章

河川の造る地形

姫川源流　森の中に伏流水が湧き出している

6.1 河川の働き

当たり前のことですが、河川は高い土地から低い土地へと流れます。これは重力作用によって、つまり重力というエネルギーをもらって、移動という仕事をします。その過程で河川はいろいろな働きをして、結果を残します。その結果をまとめれば破壊・運搬・堆積と表せます。

雨が降り水は地中にしみ込みます。そして地層というフィルターを通ることによって、清水となって湧き出してきます。一度地表に出た水は低地に向かって自然な流れをつくります。その途中で岩盤を削り、土砂を流しますが、これが破壊作用です。水の流れは破壊した土砂や砂礫を下流へと運びます。運搬作用です。流れが弱くなると水の中で流された土砂、川底を転がるように流れた砂礫が少しずつ川底に溜まります。堆積作用です。河川はこの三つの作用をくり返しながら下流へと流れ、最終的には海に流れ出ます。

信濃川は、日本一長い河川として知られています。その源は山梨・長野・埼玉の県境付近の甲武信ケ岳（2475メートル）とされています。最上流は千曲川とよばれ、長さは367キロメートル、流域面積は1万1900平方キロメートルです。流域面積とは、降った雨がその川へ流れ込む流域の面積のことで、いわば「その川の財産」を表しているといえます。

千曲川（**写真6.1-1**）は佐久盆地、上田盆地をつくり、長野盆地へと入ります。長野盆地の南端の川中島付近で西からきた犀川と合流し、さらに北へと流れていきます。川中島付近は16世紀の上杉謙信と武田信玄の間でくり返された戦いの古戦場です。

犀川の大きな支流の一つが梓川です。梓川の最上流は槍ヶ岳南面の槍沢です。流れ出た湧き水は岩盤を削り、土砂を運び、急流となって上高地へと流れていきます。上高地付近では流れが弱くなり多くの土砂が堆積しています。大正池の取水口へ流れ込んだ水は、沢渡の発電所まで標高差およそ300メートルを下ります。梓川の流れは切り立った焼岳の崖下を流れ、川の底や両岸を削りながら梓湖へと流れ込みます。梓湖へは多くの土砂が運び込まれていることでしょう。

奈川渡ダム、稲核ダム、水殿ダムを通って梓川は松本盆地へと流れていきます。盆地は周囲を山で囲まれた窪地ですが、そこでは流れが緩やかになり、堆積作用が平坦な地形を作り出しています。

槍ヶ岳の北斜面から流れ出した高瀬川は、黒部川第四発電所（黒四）に向かう大町アルペンラインの入り口付近で流れを南に変え、松本盆地に入り、安曇野で梓川と合流します。合流後は犀川となって再び北へと流れていきます。筑摩山地の北端は長野盆地まで狭い峡谷が続きます。この峡谷は付近の山が隆起する前から犀川が流れており、土地の隆起が続いても、犀川はそれに対抗して川底を削り続け、流路を確保した結果です。浸食作用を続けることにより、元の流路の高さを確保しているのです。このような谷は「先行性の谷」とよばれています。

長野盆地で犀川は東から流れてきた千曲川と合流し、さらに大きな川となって長野盆地を広げていきます。長野県の北の端、飯山付近でも千曲川は先行性の谷で、新潟県に流入しています。新潟県に入ると信濃川となり魚沼丘陵と東頚城丘陵の間を流れながら穀倉地帯を築き越後平野へと流れ、最後の堆積作用をしながら日本海へと流れ出るのです。

地形学者は河川に堆積する土砂の量から、風化や浸食により山々がどのくらい低くなるか、やせていくかなど調べると聞いたことがあります。

梓川沿いの三つのダムによって出現した人造湖、高瀬川の七倉ダムや高瀬ダムによる人造湖、さらに上高地の大正池はすべて犀川の支流に属します。しかも私は五つのダムの歴史を建設前から知っていますが、それぞれの湖水の埋まり具合を見るとその早さに驚きます。私の短い人生よりも早く湖底が浅くなるのです。いずれも河川の破壊、運搬、堆積作用の結果です。

一方では梓川や高瀬川に削られ続けているはずの山々の姿は、私が若い頃から見ている姿と少しも変わっていません。悠久の歴史を感じます。

写真 6.1-1　**信濃川の上流、小諸市付近の千曲川**

写真 6.1-2　**長野県中野市付近の千曲川**

6.2 暴れ川

坂東太郎、筑紫次郎、四国三郎は暴れ川の代名詞としてよく使われた名前です。日本列島内どこでもそうですが、近年は河川の改修が進み、第二次世界大戦直後と比べれば各地の水害は激減しました。とはいえ毎年、夏の台風シーズンや長雨の季節になると、洪水、土石流、崖崩れなど、雨が関連する災害が発生しています。近年は地球の温暖化の影響で台風が増えた、集中豪雨が増えたとの報道をたびたび目にしますが、それが学問的にきちんと証明されるのはまだ先の話だと、私は考えています。気候変動のような長期の変動現象の解明はそれほど単純ではありません。

河川の整備は進んでも、それ以上の宅地開発で、人々の住宅地はとんでも

写真 6.2-1
利根川の支流
群馬県を流れる
吾妻川上流の流れ

写真 6.2-2
利根川の支流
群馬県を流れる
片品川吹割の滝

ない方向にまで発展しています。その一つが崖崩れです。今まで樹木に覆われていた急斜面がいつの間にか宅地化しています。段々畑のように宅地ができています。崖崩れなどは起こるべくして起こったといわれても仕方がない場合を散見します。

しかし、「坂東太郎」、「筑紫次郎」のような暴れ川の氾濫は、確実に減ってきているでしょう。

「坂東太郎」は利根川の異名です。利根川は長さ 322 キロメートルで信濃川には劣りますが、流域面積は１万 6840 平方キロメートルで日本一の大河です。群馬県北部の三国山脈の大水上山（1840 メートル）を水源として、関東地方を北から南へ、さらに東へ流れ太平洋に注ぎます。途中で多くの川が合流してきます。群馬県下では西側から吾妻川（**写真 6.2-1**）、東側から片品川が合流しています。栃木県では渡良瀬川、茨城県では鬼怒川や小貝川などが流入していますが、どれも過去に大きな洪水を起こした川です。

本流は群馬県から埼玉県に入り、千葉・茨城の県境となっています。下流域には利根川が運んだ土砂の堆積によってつくり出されたせき止め湖や海跡湖が点在しています。本流、支流とも途中には多くのダムがあり、電力供給とともに首都圏の水がめになっています。八木沢ダムによる奥利根湖はその代表で、渇水期にはその貯水量が話題になります。

尾瀬から流れ出した片品川は途中に吹割（ふきわれ）の滝を通り、沼田市の南側で本流に合流します。「吹割の滝」（**写真 6.2-2**）は「東洋のナイアガラ」と称せられますが、ナイアガラフォールとは比較にならない小さな滝です。吹割の滝の景観は、独自性があるのですから「ナイアガラ」といってそのスケールのあまりの小ささに期待はずれさせるよりも、「吹割の滝」として通用させた方が、はるかに価値が高いです。

片品川と本流との合流地点の沼田は、河岸段丘の地形を売り物に町おこしをしています。片品川により東から南、利根川により西が開いた河岸段丘は眺望もよく、果樹栽培も進んでいるようです。河岸段丘は川岸に発達した階段状の地形です。河道の変化、流量の変化、土地の隆起などによって河原が浸食されて生ずる地形です。沼田の河岸段丘は日本の河岸段丘としては規模が大きく、JR 上越線の車窓からも容易に確認することができます。

本流の沼田の手前の水上峡・諏訪峡は先行性の谷で、沼田・渋川間の綾戸渓谷では蛇行しています。渋川付近の河岸段丘の上に、6世紀の榛名山の噴火で埋没した黒井峯遺跡があります。渋川を過ぎ吾妻川が合流してくると川幅も広がり、関東平野を流れ下ります。埼玉県熊谷付近では川幅は900メートルにもなり、下流になると川幅はさらに広がり1キロメートル近くに達します。

「筑紫次郎」は筑後川の異名です。阿蘇山を水源に九州地方北部を熊本から北へ流れ出し、大分、福岡、佐賀を流れ有明海に注いでいます。筑後川の長さは143キロメートル、流域面積は2863平方キロメートルです。阿蘇の外輪山に源を発した杖立(つえたて)川は北へ流れ、大分県に入ると大山川となり、日田で玖珠(くす)川(がわ)と合流し、西に流れを変えます。福岡県に入ると筑紫平野を貫流し、佐賀との県境をくねくねと曲がり有明海に出ていきます。佐賀県に入れば近くに吉野ヶ里遺跡もあり、弥生人もこの川を利用していたでしょう。

四国三郎は吉野川の異名です。高知と徳島を流れる吉野川の水源は四国山地の瓶ヶ森(かめがもり)岳(1897メートル)です。長さ194キロメートル、流域面積は3750平方キロメートルです。高知県から徳島県に入ると大歩危(おおぼけ)峡、小歩危(こぼけ)峡を流れます。ともに先行性の谷で四国山地の隆起に対抗して、川底を削り続けて現在の水面を確保しているのです。合流する祖谷(いや)川(がわ)(**写真 6.2-3**)は剣山から流れ出し、四国山地の間を蛇行しながら平家の隠れ里やかずら橋を流れ、祖谷峡から本流へ合流します。合流後すぐ流れは東に向きを変え、讃岐山脈の南麓を紀伊水道へと流れ出ます。徳島平野での吉野川の川幅は2キロメートルを越えます。川より北へやや離れますが、途中に「阿波の土柱」(**写真 6.2-4**)があります。

土柱とは固まっていないもろい地質のところに短い時間に多量の雨が降ると、砂や泥の部分が洗い流され、固まった部分や岩塊が表面にある部分が残り、尖塔を形作っていることをいいます。阿波の土柱の場合は崖の斜面に土柱や尖塔が並ぶ風景です。日本にはこのような場所はほかに知られていないので名勝になっています。外国ではしばしば見られる風景です。7.6節(185ページ)のラパス郊外の月の谷も土柱の一つの例です。

写真 6.2-3　**深いＶ字谷の祖谷川**　なぜか谷に向かって小便小僧が建てられている

写真 6.2-4　**吉野川の北側に位置する阿波の土柱**

6.3 川の源流

川の源流は一般には山奥ですから、登山者以外は近づくことは困難です。しかし誰もが気軽に立ち寄れる源流があります。フォッサマグナの西縁を形成する姫川の源流（**写真 6.3-1**、**写真 6.3-2**）です。長野県から新潟県糸魚川市に流れて日本海に注いでいます。下流域はヒスイの原石が出ることでも知られています（**写真 6.3-3**、**写真 6.3-4**）。

姫川は北アルプス鹿島槍ヶ岳の東麓、仁科三湖の北端、青木湖の北岸あたりがその源流域で、全長60キロメートル、流域面積は722平方キロメートルと極めて狭い小さな川です。水源域は「姫川源流自然探勝園」になっていて、小さな湿原で多少の木も生えています。その湿地帯へは西側の北アル

写真 6.3-1
姫川の源流域
地下から水がしみ出している

写真 6.3-2
姫川源流自然探勝園内の流れ　湧き出してすぐこのような流れとなる

プスの伏流水が湧出し、水源となっています（**写真 6.3-5**）。

北アルプス後立山連峰を挟んだ西側が黒部峡谷です。黒部川は後立山連峰と立山連峰の間を、北アルプスを切り裂くように流れています。長さ 85 キロメートル、流域面積 667 平方キロメートル、富山県内に源があり、富山県黒部市と入善町の境界から日本海に注いでいます。

黒部の源流を鷲羽岳（わしばだけ）（2924 メートル）とする資料もありますが、鷲羽岳より北側のワリモ岳（2888 メートル）と西側の祖父岳（じいだけ）（2825 メートル）の間の岩苔乗越（いわごけのっこし）（約 2800 メートル：**写真 6.3-6**）とする人が多いようです。岩苔乗越付近で一滴一滴湧き出した水は北と南に分かれて流れ出ますが、やがて二つの流れは一つの流れになって黒部湖へと流れ込みます。黒部川第四発電所（黒四）を越えると両岸は数百メートルの絶壁の間を流れ、宇奈月温泉にくるとその流れはようやく穏やかになってきます。海は目前です。

近年は増えてきているのかもしれませんが、私が知る限り地図に源流と書かれた場所が示されているのは、姫川と高知県を流れる四万十川だけだと思います。四万十川の源流は四国山地の不入山（いらずやま）（1336 メートル）の南東斜面です。長さは 196 キロメートル、流域面積 2270 平方キロメートルで、長さに比べて流域面積が狭いのは、川が曲がりくねっているのと、支流が少ないからです。

初めて四万十川を訪れた時のことです。JR 土讃線のターミナル、窪川駅で予土線に乗り換え江川崎まで行きました。電車は一両ですが、数座席分は河童に関する展示があり、一匹の河童が座席を占領していました。如何に乗客が少ないか、利用者が少ないのかがすぐわかりました。「土佐大正」「土佐昭和」などという駅名に、郷愁を感じながら車窓右側の四万十川を眺めていたら、川の流れが電車の進行方向と同じことに気がつき、頭の中が混乱してしまいました。私たちの電車は太平洋とは逆の方向に走っているはずです。川の流れも同じということは、川も流れ出るはずの太平洋とは逆方向、内陸側に流れていることになります。

慌てて地図を取り出して見たら、四万十川は源流から南へ流れ出し、海岸線に平行に走る丘陵を突破できず、北西に流れを変え、江川崎付近でさらに南へ向きを変え、河口を目指すことを知りました。源流から河口まで S 字を逆に書くように流れているのです。

これは四万十川が流れ始めた頃は平坦だった地形が隆起を始め、川は低地を求めて蛇行をくり返しました。そして隆起に打ち勝つべく川底を削り続けた結果、先行性の谷ができたのです。自然の流れなのですが、流れを確保しようとする四万十川の数十万年にわたる懸命な努力を読み取れます。

「四万十川」は演歌としても歌われています。その第一節は以下のようです。

いまは大河(たいが)の四万十川(しまんと)だけど
もとは山から　湧いた水
人も出会いを　大事にしたい
沢が集まり　川になる
深い情けの　淀みもあれば
清い浅瀬の　愛もある　(作詞　千葉幸雄)

川の一生をうまく表現している歌詞です。地中から染み出してきたわずかの水が集まり、大河になっていくのです。そこから先はすべて地球の重力の作用によって、自分の流れを決めて、あるいは決められています。第三節の始めは以下のようです。

曲りくねった　四万十川(しまんと)だから
生きる姿を　おしえてる

山あいの谷深く流れる四万十川は、その流路を確保する営みを数十万年も続けているのです。また第二節の始めは以下の通りです。

遠い流れの　四万十川(しまんと)越えて
心つなげる　沈下橋(ちんかばし)

現在、四万十川流域には支流を含め 48 の沈下橋(**写真 6.3-7**)があるそうです。曲がりくねった川ですから、すぐ目の前の対岸に行くにも橋が必

写真 6.3-3 **姫川に流入するヒスイの原石の出る小滝川**

写真 6.3-4 **姫川中流域**

要です。生活道路なので立派な橋でなくてもよいのです。そこで考えられたのが橋の欄干を作らない沈下橋でした。欄干があると洪水になった場合、流されてきたものがぶつかり橋を破損させる恐れがあります。橋の土台はしっかり作り、欄干がなければ橋が沈むほどの増水でも、水量が減ればすぐ橋は機能します。山村の生活の知恵からできた橋です（**写真 6.3-7**）。

四万十川は日本三大清流に数えられています。ほかは岐阜の長良川と静岡の柿田川です。196 キロメートルと長い流れの四万十川ですが、途中にダムがありません。そのため現在も清流が保たれているのだそうです。
したがって、下流では漁業で生計を立てている人も数多くいるようです。

写真 6.3-5
姫川下流

写真 6.3-6　**黒部川の源流岩苔乗越**

写真 6.3-7　**四万十川の沈下橋**

6.4 フォッサマグナの西縁

フォッサマグナの西縁は糸魚川－静岡構造線（糸静線）（**図10**：113ページ）とよばれていますが、その主要部分は2本の川が占めています。北側は前節でも述べた、日本海に流れ出ている姫川で、南側が駿河湾に注ぐ富士川です。中間は姫川の南から仁科三湖から農具川さらに高瀬川と信濃川の支流に続きますが、松本盆地から諏訪盆地付近では糸魚川－静岡構造線中の標高のもっとも高い地域となり、明瞭な水の流れは諏訪湖へと入り、そこから天竜川となります。

構造線は諏訪盆地を過ぎ山梨県に入ると南アルプス北端の鋸岳（のこぎりだけ）（2685メートル）北斜面を源流として釜無（かまなし）渓谷から流れ出した釜無川が現れます。北に向かった釜無川の流れは諏訪盆地から続く八ヶ岳と南アルプスの間の谷を南東へと向きを変え、甲府盆地に入ります。

甲府盆地では北東から流れてきた笛吹川と合流して富士川となります。笛吹川の源流は千曲川の源流でもある長野・山梨・埼玉三県の境界である甲武信ヶ岳（こぶしがたけ）(2475メートル)の南斜面です。頂上付近ではわずか1～2メートル北と南に離れて降った雨水の流れ出る先は日本海と太平洋に分かれるのです。分水嶺の面白さといえるでしょう。

富士川は日本三大急流の一つで、南アルプス東麓と天子山地の西側の間に谷を形成して、駿河湾に注ぎます。富士川は長さ128キロメートル、流域面積3990平方キロメートルです。三大急流とよばれているのは富士川のほかに山形県の最上川、熊本県の球磨川です。

フォッサマグナの西縁は列車で旅することができます（**写真6.4-1**）。糸魚川でJR大糸線に乗車します。列車は姫川沿いに南下していきます。新潟、長野の県境付近で列車の進行方向右側から小滝川が流入してきます。小滝川はヒスイ峡ともよばれヒスイの原石が見られます（**写真6.3-3**）。この付近から下流の姫川の河原や海岸付近までヒスイが拾えると、大雨の後などにはマニアが集ってくると聞きました。姫川渓谷を過ぎると列車は長野県に入り、右側には北アルプスの後立山連峰の展望が開けます。

白馬三山に続く唐松岳の北斜面には唐松沢雪渓、さらにその南の鹿島槍の北斜面にも氷河が存在しますが、車窓からは識別できません。ロープウェイのある八方尾根は長野オリンピックの会場の一つで、日本選手の活躍したスキーのジャンプ台も望見できるでしょう。鹿島槍ヶ岳（**写真 6.4-2**）の双耳峰をはじめ後立山連峰の大パノラマに見入っていると、姫川の源流を過ぎ車窓右側には青木湖、中綱湖、木崎湖の仁科三湖が現れます（**写真 6.4-3、写真 6.4-4**）。

大町は立山黒部アルペンルートの長野県側の玄関口です。大町を過ぎ北アルプスの常念山脈が見え出す頃、列車は松本盆地へと入ります。安曇野（あづみの）のワサビ田に気を取られていると、列車は松本に到着します。松本で中央東線に乗り換えます。車窓の左側には美ヶ原から霧ヶ峰へと山稜が続きます。塩尻からトンネルを抜けると岡谷に入り右側には中央アルプスや諏訪湖（**写真 5.2-2**）、さらには南アルプスの稜線も見えてきます。諏訪盆地を過ぎ、列車が山梨県に入る頃には左側には八ヶ岳連峰、右側には南アルプスが近づき、釜無川が見え隠れしてきます。

南アルプスの北端に位置する甲斐駒ヶ岳、さらには「鳳凰三山」などの景色に見とれていると甲府盆地に入り、甲府で身延線に乗り換えます（**写真 4.2-9**）。富士山も指呼の距離です。車窓の右側は南アルプスの東麓になり、しばらくは身延山地を眺めながらの身延線の旅となります。右側からは南アルプスから流れ出した早川が合流し、身延山（1153 メートル）が見えてくると、そこは身延山久遠寺です。江戸時代は駿河湾からここまで、参拝者は船で来たと聞きました（**写真 6.4-5**）。車窓左側の天子山地が尽きると、列車は川から離れ、富士宮に着きます。富士山本宮浅間神社が鎮座している町です。

車窓左側には裾野を広げた雄大な富士山が眺められます。山頂の剣ヶ峰が中央に見えるので、冬季には文字通り「白扇を逆さにした」富士山の姿が見られます

富士宮を出ると間もなく終点の富士駅に到着します。時間を調べておけば、列車だけで一日で十分にフォッサマグナ（の西縁）を楽しめる旅ができます。

写真 6.4-1
フォッサマグナ西縁を走る JR 大糸線

写真 6.4-2
後立山連峰鹿島槍ヶ岳

写真 6.4-3　**後立山連峰の迫る木崎湖**

写真 6.4-4　**中綱湖の湖畔**

写真 6.4-5　**身延市内を流れる富士川**

6.5 北海道の穀倉地帯

北海道の風景は広大な谷間の平地や、緩やかにカーブする丘陵地などが特徴です。山々も本州に見られる鋭い山稜や切り込んだ谷が多い山地とは趣が異なります。谷底も緩やかで、山の斜面に向かって少しずつ高まりを増していく幅の広い谷が多いです。このような緩やかな地形は、過去の気候と関係があります。氷河時代、北海道では表土が年間を通して凍結していた時代があります。北海道にも永久凍土があったのです。7.2節（171ページ）で述べる周氷河地形です。

永久凍土では表層部が融けたり凍ったり、つまり凍結、融解をくり返します。地表面の岩石はその度ごとに膨らんだり、縮んだりして破砕されていきます。その結果、山の尾根は丸みを帯び、生じた大量の岩屑は谷を埋めていき、緩やかな地形が創出されました。

石狩川は石狩山地の石狩岳（1967メートル）を水源とし、北に流れ、西に曲がり上川盆地をつくり出しました。そして神居古潭の渓谷を流れ、石狩平野へと流れ出ます。神居古潭（かむいこたん）もまた石狩川の何十万年にわたる地盤の隆起との戦いで得られた美しい景観といえます。石狩平野の札幌や岩見沢などの都市のある低地は川が蛇行をくり返して土砂を堆積させて形成された沖積低地、山麓の扇状地、火山噴出物がつくり出した暖斜面などで構成されています。

石狩平野では石狩川は蛇行をくり返し、曲がりくねっていましたが、現在は改修され流路はほぼ直線となりました。昔の流路沿いには、当時の流れが三日月湖として数多く残っています。

石狩川の長さは268キロメートルで、日本列島の河川の中で3番目に長いのです。そして流域面積は1万4330平方キロメートルと、日本第2位です。石狩湾を経て日本海に流れ出ています。

北海道では稲作は不可能とされていましたが、品種改良で低温に強い稲が栽培されるようになりました。ブランド米が次々に開発され、石狩平野は北海道だけでなく日本の穀倉地帯に進化していきました。

天塩（てしお）川は北海道北端の北見山地の天塩岳（1558メートル）を源にして北

西に流れ、岩尾内湖、岩尾内ダムを経て名寄(なよろ)盆地に入ります。名寄盆地は稲作の北限地帯です。流れは北向きになり、音威子府(おといねっぷ)で西に向きを変え、天塩山地を横断します。流れは蛇行し山間の渓谷で、先行性の谷です。下流では流れは再び北に向かい、酪農が営まれている天塩平野に入ります。天塩町と幌延町の境界付近で流れは再び西へ向かいますが、海岸を目前に流れは南に向かいます。海岸の陸側に発達している浜堤(ひんてい)に沿って 10 キロメートル南下して天塩町の市街地手前（北側）で日本海に注いでいます。河口付近ではシジミ漁、サケ漁、サケの養殖などが行われています。

浜堤は砂質海岸の汀線に沿って低い砂の高まりが堤防のように連なっています。波の作用で形成されます。

天塩川は全長 256 キロメートルで、北海道内では石狩川に次いで 2 番目、国内でも 4 番目に長い川です。流域面積は 5590 平方キロメートルと、川の長さのわりには狭く国内で 10 番目です。大きな支流が少なく、比較的流路が簡単なことがその最大の理由です。また、たびたび改修され明治時代と比べて川の長さが短くなりました。

冬季は全面凍結します。春先になり、川面の氷が割れて一斉に流れ出す解氷現象が見られます。いつ解氷するかは地元の人たちにとっては春が来たことを実感する行事で、その日を予測するのは地元の年中行事となっています。

大雪山系を源に太平洋に流れ出る十勝川は、全長は 156 キロメートルと釧路川とほぼ同じですが、その流域面積は 9010 平方キロメートルで、北海道では 2 番目、日本では 6 番目の広さです。太平洋に面して十勝平野が形成されています。

日高山脈を源に太平洋に注いでいるのは沙羅川(さるかわ)で全長 104 キロメートル、その西側には夕張山地から流れる鵡川(むかわ)、全長 135 キロメートルが流れています。

大雪山系から北に流れオホーツク海に流れている常呂川(ところ)は全長 120 キロメートル、河口付近には海跡湖が並びます（**写真 6.5-1**）。

写真 6.5-1　**大雪山系北海道最高峰の旭岳**

JAPANESE
ARCHIPELAGO

第7章

日本の氷河地形

槍沢上流天狗原の氷河公園（カール）からの槍ヶ岳
氷河に運ばれた岩塊はゴツゴツしている

7.1 過去の氷河談義

1950年頃のことです。上越国境の谷川岳（**写真7.1-1**）への登山は現在では谷川岳ロープウェイで天神平まで登り、そこから山頂を目指すのが一般的なルートですが、当時は西黒尾根を登るか、マチガ沢の右岸沿いに登り途中で西黒尾根のガレ場へ直登する巌剛新道を登るのが一般的でした。

巌剛新道(がんごうしんどう)と合流する付近になると展望は開け、谷川岳の頂上が指呼の距離に見えます。尾根道が逆V字状の岩稜に変わったところに「氷河擦痕」がありました。当時の私は氷河に興味はありましたが、特別に知識もなく擦痕の存在を教えてくれたガイドブックにもそれ以上の説明はありませんでした。その後、谷川岳のような低い山には氷河は存在しなかったということも聞き、谷川岳の氷河については関心がなくなっていました。

ところが21世紀になって久しぶりに谷川岳に行ったら、谷川岳には氷河が存在したという説明板があり、私も知る専門家が解説をしていました。その頃は私の氷河に関する知識も増え、解説も理解できたので、現在は谷川岳には氷河が存在したことは事実だと考えています。

私が理解した第一の理由は、マチガ沢や一ノ倉沢の岩壁は風化作用ではできにくい、やはり氷河が削らなければ生じないだろうと考えたからです。1000メートル近い高度差のある大岩壁の一ノ倉沢の衝立岩は、ロッククライマーの憧れの岩壁です。あの岩壁が風化作用でできたとしたら、沢奥の岩壁全体がもっともろく崩れているだろうとも思いました。

第二の理由は上越特有の豪雪です。標高2000メートルにも満たない谷川岳ですが、東向きのマチガ沢や一ノ倉沢には7月はもちろん8月になっても多量の残雪があります(**写真7.1-2**)。現在よりも10℃近く気温の低かった氷河期の時代、谷を埋めた雪が溶けることなく年間を通して存在し続けたことは容易に想像できます。年間を通じて雪が溶けることがなければ、雪は毎年少しずつでも増え続けることでしょう。雪が増え続ければ、その内部は氷になります。そしてその氷が二つの谷を埋め尽くし、東斜面を削り岩壁とし、西黒尾根の上を南にあふれ出し、擦痕を残したのでしょう。

氷塊は谷ばかりでなく頂上も覆っていたことでしょう。谷川岳頂上にはオキの耳（1977 メートル）、トマの耳（1963 メートル）とよぶ二つのピークがあります。これはホルン（角）地形で、氷河が削って創出したものだと推定しています。北アルプスに点在するホルンほど鋭くないのは、高度が低く氷河が後退した後の風化が進んだからでしょう。

谷川岳の特殊な地形、上越という豪雪地帯が、標高千数百メートルの地に氷河をつくり出したのです。

1973 年頃のことでした。山形県の鳥海山（2236 メートル）に氷河が存在するというニュースが新聞に出て、一部の人たちの間で物議を醸していると報じられました。このことについて専門家に聞くと、「氷河が存在する」と主張する人は、専門家の前ではそんな話はせず、もっぱらマスコミに自説を展開するだけだったようです。確かに鳥海山には夏でも大きな雪渓が残っていますが、主張者が個人的見解を述べているだけで、研究者の間で議論されたことはなかったのです。

21 世紀に入って、立山で氷河の存在が突き止められたというニュースが流れました。富山県 立山カルデラ砂防博物館の研究者たちが 2009 ～ 2011 年に立山連峰の氷河の調査をしました。登山シーズンが終わる 9 月～ 11 月まで、立山連峰東斜面に残るいくつかの雪渓に標識を設置してその移動を GPS（全地球測位システム）で測定して、雪渓の内部構造をアイスレーダーで調べたのです。

秋になると雪渓の表面に積もっていた雪は消え、固い雪だけが残ります。その時期に測定を実施したのです。その結果、剱岳の北東斜面の小窓雪渓、三ノ窓雪渓、雄山と大汝山東斜面、そこは「サル又のカール」とよばれますが、そこに残る御前沢雪渓（**写真 7.1-3**）が氷河であると認定されました。最大の三ノ窓雪渓は長さが 1 キロメートル、厚さが 60 メートルあり、半分の 30 メートルが氷、ほかの二つも積雪が 20 メートル、その下の氷体の厚さが 30 メートル、それぞれが 1 か月間でおよそ 30 センチメートル下方に動いていたと認定されました。

氷の塊があってそれが上から下に移動すれば、それは重力作用で、その氷体は周囲を削り、その削り屑を下流に運び堆積させますから氷河であると定義されたのです。日本には存在していないと考えられていた氷河が立山連峰

写真 7.1-1　**群馬県谷川岳一ノ倉沢の岩壁**

写真 7.1-2　**７月でも雪渓が厚く残っているマチガ沢**

写真 7.1-3　立山御前沢氷河と内蔵助氷河　中央から右下に伸びている御前沢氷河とその右側（北側）の雪渓が内蔵助氷河。黒部湖が下に見える

写真 7.1-4　**カクネ里氷河**

写真 7.1-5　**唐松沢氷河**

には残っていたのですから、地元の人たちにとっては「日本唯一」を自慢できる明るいニュースでした。

しかし、私はそのニュースに違和感を持ちました。氷河の存在を突き止めた博物館の研究者たちの努力と功績は十分に評価した上での話ですが、「氷河」という言葉に対する一般の人のイメージと発表された氷河の形はあまりにも違うからです。氷河と認定された雪渓は一般登山者にとっては氷河でなく雪渓、あるいは堆雪とか万年雪とよんでいるものです。

おそらくほとんどの日本人にとっての氷河とはスイスアルプスの氷河、ヒマラヤやロッキー山脈、あるいはパタゴニアのようなダイナミックに動く氷塊でしょう。そのような人々に立山の氷河とされた雪渓を見せて「これは氷河です」といったところで、期待外れでしかないのです。報ずるメディアもその事実をよく理解して報道すべきでしょう。ただ新発見、大発見と称えるだけでは、現実とはギャップがあり過ぎます。

実は立山には以前から万年雪の下の部分は氷になっていることは知られていました。真砂岳東斜面の内蔵助（くらのすけ）カールの雪渓です。その氷は1700年前の氷などといわれており、私も南極で使う観測器機のテストを内蔵助カールの雪渓で実施したことがあります。地図には「万年氷河」（「劔・立山」山と高原地図37、昭文社、1999年版）とあります。

確かに日本人にとっては「氷河」にはロマンがあるのでしょう。現在は以下の七か所の雪渓が氷河と認定されています。劔・立山付近ではすでに紹介した三つに加え、劔岳北西斜面の池ノ谷（いけのたん）雪渓と先に述べた内蔵助雪渓が氷河とされています。

後立山連峰の鹿島槍ヶ岳東側斜面のカクネ里雪渓（**写真7.1-4**）は劔・立山周辺の三つの氷河に続いて、日本で4番目に氷河と認定されました。2019年には鹿島槍ヶ岳の北7キロメートルに位置する唐松岳の北東斜面の唐松沢雪渓（**写真7.1-5**）も氷河と認定されました。

氷河とは定義されても、登山者をはじめ一般の人々にとっては、昔からのよび名の雪渓や万年雪に変わりはありません。

7.2 氷河の働き

地球上に存在している氷河は大陸氷河と谷氷河に分けられます。

大陸氷河は文字通り陸地をすっぽりと覆うように存在する氷塊です。氷塊の覆う面積が5万平方キロメートル以上あると、それは氷床（アイスシート）とよびます。地球上には南極氷床とグリーンランド氷床の二つが存在しています。北極や南極に点在する島々を覆う氷塊は氷帽（アイスキャップ）または氷冠などとよばれています。

南極大陸やグリーンランドの地図を見ていると、氷床の中に「○○氷河」「○○氷流」というような表記が見られます。氷床は積雪で形成されますが、厚くなるとその重みで中心から沿岸に向かって動いています。氷は固体ですが、長い時間をかけると流体の性質もあるのです。正月の鏡餅は中心を厚く作りますが、時間が経つとのっぺりとした形になるのと同じ理屈です。

中心から周辺への流れの中でも、下の岩盤の形によって、特に岩盤が谷状になっているところでは動き（流れ）が速くなります。上空から見るとその流れの速い領域の氷床表面には無数の亀裂が入っています。そのように氷床の中でも周囲と比べて動き（流れ）が早い領域を特に氷河とか氷流とよんでいます（**写真 1.1-3**）。

谷氷河は山の頂上付近から谷に発達する氷河で、多くの場合はこの型になります。谷氷河は谷を埋めた氷体が全体に上から下に移動します。ですからその谷の断面はU字型になります。そのような谷氷河はそのまま海に流れ出します。そのときの谷底は海底よりも深いので、海に入っても海底を削ります。氷河の延長上に幅が狭く深い谷の湾が生じます。このような地形をフィヨルドとよび、海岸線に美しい景観を呈しています。

谷氷河では、水と同じように氷も上から下へと動き（流れ）ます。川の流れと同じように、氷の流れも破壊、運搬、堆積の三段階の働きをします。しかし氷の流れは水の流れとは異なります。流体の水と異なり氷は固体です。その形は変化しません。大きな氷塊が動くので、その流れはスムーズではなく、川の流れとは大きく異なり、両側には切り立った岩壁が形成されU字谷となるのです。

写真 7.2-1　ホルンの槍ヶ岳と槍沢カール　U 字谷とモレーン地形が残る

水が流れると地面を削ります。しかしその削られてできた谷は V 字型になります。U 字型の氷河とは異なります。氷河は氷自体が形を変えませんから、流れに接する面に突起物があれば、それをすべて破壊してしまいます。谷の壁が垂直になるのはそんな理由からです。

氷河は周囲の岩塊を氷塊に取り込んで運びます。谷底にあった岩塊は氷に咥えこまれたまま運ばれます。ですからその岩塊は谷底や両岸の壁に傷をつけ、同時に自分自身も接触面には傷ができます。氷河擦痕です。

運ばれる岩塊は谷底や両岸と接触するだけで、氷体内にとどまりますので、河川で水の中を運ばれる場合とは異なり、岩塊や礫は丸みを帯びません。氷河の末端まで来ると、氷は融けて姿を消しますが、咥えこまれて運ばれてきた岩塊や礫はその場所に堆積し、岩塊や礫の丘ができます。これをモレーン（堆石）とよびます（**写真 7.2-1**）。

写真 7.2-2　氷河に削られた岩稜の穂高連峰

谷氷河の頂上付近には山の斜面にスプーンですくい取ったような地形が残ります。カール（圏谷）とよばれます。カール、U 字谷、モレーンが谷氷河の特徴です。氷河作用によって生じたこのような地形が、日本では氷河の存在した地形として、調査の対象になっています。山頂部の岩盤は削られ岩峰や岩壁が露出します。北アルプスの尾根、特に標高が 2700 〜 2800 メートルを超える岩稜は、岩壁が露出し岩峰が並びます。すべては氷河に削られた結果です（**写真 7.2-2**）。切り立った岩壁はロッククライマーが活躍するフィールドを提供しています。そのような岩壁は、冬季は「氷壁」となります。槍ヶ岳に代表されるホルン（角：大きな岩峰）の地形もまた氷河作用が創出した代表的な創造物です。

山頂付近の岩盤は厳しい寒さにより凍結、融解をくり返し、浸食が進みます。このような現象を「周氷河作用」とよびますが、氷河の存在しない地域で大規模に見られます。永久凍土（ツンドラ）や二重山稜も、周氷河作用で生じた周氷河地形です。

7.3　北アルプスに残る氷河地形

北アルプスの最北端に位置する立山連峰は、現在でも氷河が残る場所ですが、数多くのカールが残ることでも知られています。日本列島では谷氷河は山頂の積雪から始まり、東斜面に延びています。日本海の水蒸気を含んだ空気がもたらす豪雪と強い西風のためです。

立山西麓のバスターミナルがある室堂から見上げると、雄山や大汝山の西斜面に、大きなカールが見られます。遠方から見れば三段階の半月に近いモレーンが識別できます。室堂からでもモレーンは明瞭に見られます。谷の両側には流路の方向に延びるラテラルモレーン（側モレーン）も見られます。西向きのカールは極めて珍しく、国の特別天然記念物になっています（**写真 7.3-1**）。このカールは発見者の東京大学教授だった山崎直方の名を取り「山崎カール」とよばれています。

剱岳周辺の山稜はすべて岩石が露出した岩稜ですが、氷河作用の結果です。チンネ（尖塔）とか八ツ峰などのピークの名称は氷食地形であることを示しています。小規模ながら山頂岩稜付近はU字谷やカール、東斜面は絶壁の岩壁とカールが並び、カールとよぶかよばないかは別にしても大きな谷は万年雪の雪渓が残り、そのうち三つが氷河と認定されているのです。

剱岳と南側の立山の間の剱御前の東斜面の剱沢も雪渓に埋まり、カール地形です。南側の立山も東斜面にはカールが並びます。そのうちの南側に並ぶ二つのカールの内蔵助雪渓と御前沢雪渓が氷河と認定にされているのです。立山の南側に位置する一の越の南東側斜面もカールとされています（**写真 7.1-3**）。

立山の南 13 キロメートル付近に位置する薬師岳（2926 メートル）の東斜面にもカールが 3 ～ 4 か所あり、山崎カールとともに特別天然記念物に指定されています。

黒部川源流付近の三俣蓮華岳（2841 メートル）、黒部五郎岳（2840 メートル）の北側の水晶岳（2986 メートル）周辺の東斜面や野口五郎岳（2924 メートル）の北斜面にもカールが残っています。さらに三俣蓮華岳から南に笠ヶ岳（2897 メートル）までの支脈の東斜面にも点々とカールが見られます（**写真 7.3-2**）。

後立山連峰の白馬岳（2933 メートル）東斜面の大雪渓もカールの中にあります。白馬三山の東斜面の岩壁すべては氷食地形で、少なくとも三か所のカール地形が見られます。すべては氷河作用の結果です。その南にある針ノ木岳（2821 メートル）の大雪渓もまたカールの中に発達しています。

槍ヶ岳が高さでは穂高に劣りながらも北アルプスの盟主とよばれるのは、そのホルン地形からでしょう（**写真 7.2-1**）。氷河に削られた槍の穂先は、山脈中ではどこからでも見ることができます。奥穂高岳の南側のジャンダルム（**写真 7.3-3**）もまた氷食作用を受けた岩峰です。

槍ヶ岳から奥穂高岳までの岩稜は氷食地形の代表で、尾根歩きは氷河時代を想像させてくれます。その東斜面には 7 本のカールが認められます。その中でも槍ヶ岳南東斜面の天狗原（氷河公園）（**第 7 章扉**）と奥穂高岳から前穂高岳の吊尾根や北東に延びる北尾根を頭部とする涸沢カール（**写真 7.3-4**）は、氷河地形の代表とよべるでしょう。

このように見てきますと、北アルプスの稜線は氷河時代には「氷帽」とよばれるような氷塊に覆われていたと推定されます。長さ数十キロメートルにわたり頂上には厚い氷が白く輝いていたことでしょう。

上高地のバスターミナルから梓川沿いに 11 キロメートル、3 時間の行程で横尾に着きます。標高は 1600 メートル、左から横尾谷が流れ込んできます。横尾から先の流れは槍沢とよばれ、槍ヶ岳への道が続きます。およそ 2.5 キロメートル、約 1 時間で一ノ俣に着きます。付近の標高は 1700 メートル、そこから道は北西に曲がり槍沢ロッヂまで 1.5 キロメートル、約 40 分、標高は 1780 メートルになります。槍沢でもっとも氷河が発達していた時代には、氷河の末端はこの付近だったと推定されています。槍沢には U 字谷地形が残ります。

槍沢ロッヂから大曲までは 1.9 キロメートル、ほぼ 1 時間で、標高は 2094 メートルです。この付近が下から 2 番目のモレーンと推定されています。大曲から道は西に折れ、天狗原への分岐点に達します。下から 3 番目のモレーンの痕跡が残っています。1.6 キロメートル、1 時間の行程で、標高は 2348 メートルです。

写真 7.3-1　立山の山崎カール　西斜面のカールは珍しく天然記念物。下部にはモレーンが並ぶ

写真 7.3-2　北アルプス中央域　三俣蓮華岳から薬師岳方向を望む山稜のいたる所にカールが見られる

写真 7.3-3　**奥穂高岳南に位置するジャンダルム**　氷河に削られた岩峰

写真 7.3-4　**涸沢カール**　シーズンには多くのテントが並ぶ

天狗原へはここから南へ 800 メートル、カールの底に位置する天狗池の標高は 2524 メートル、約 1 時間です。このルートは下から 4 番目のモレーンを斜めに登るように、道が延びています。直径 1 メートル以上のゴツゴツした巨岩が並ぶ典型的なモレーンの景観が見られます。天狗池もまた典型的な氷河湖（池）で、槍ヶ岳が映り美しいです（**第 7 章扉**）。

カールはさらにその上に、下から 5 番目のモレーンが 2700 メートル付近に確認されています。天狗原の上の岩稜には大喰岳、中岳と 3000 メートルを超えるピークが並んでいます。氷期の最後には稜線からこのモレーンに垂れ下がるように小さな氷河が張りついていたのです。

もう一度上高地に戻り横尾を経由して涸沢（からさわ）（**写真 7.3-4**）に登ります。涸沢カールの底部、涸沢ヒュッテ付近の標高はおよそ 2300 メートル、横尾からは 5.5 キロメートルの距離ですが、3 時間の行程になります。横尾谷は屏風岩の麓を北に迂回するように、北西から西へ、そして南西へと大きく湾曲して涸沢に入ります。屏風岩の頂上部は標高 2565 メートル、横尾谷との標高差は 900 メートル、高さ 700 ～ 800 メートルの岩壁です。もちろん氷河に磨かれて出現した氷河地形です。涸沢を埋めていた時代の氷河は、少なくともこの付近まで拡大していたことを示唆しています。横尾谷入り口付近には当時のモレーンの末端が見られます。

横尾谷の左岸、南岳から大キレット、そして北穂高岳の稜線を頭部とするカールの末端は標高 2000 メートル付近で明瞭なモレーンのテラスが見られます。そして涸沢カールの末端が 2300 メートルです。涸沢から見上げる穂高の岩稜は氷食地形のオンパレードです。涸沢岳（3110 メートル）周辺や北尾根には涸沢槍を始め規模は小さいですが尖塔や岩峰が並びます（**写真 7.3-4**）。涸沢の南斜面は夏でも大量の雪が残る雪渓で、夏スキーの本場の一つです。

奥穂高岳の南斜面の岳沢も私はカールだと推定しています。吊尾根を挟んで北側が涸沢カールになります。標高 2200 メートルの岳沢小屋付近がモレーンの末端です。北アルプスの氷河地形、特にモレーンはここで終わります。そして奥穂高岳からジャンダルムを越えて、西穂高岳への稜線が、氷食地形を残しています。

7.4　中央アルプスと南アルプスに残る氷河地形

中央アルプスの氷河地形は2600メートル付近がその下限です。カールは北端の木曽駒ヶ岳から宝剣岳（2931メートル）の東斜面と、中央の熊沢岳（2778メートル）付近にあります。

宝剣岳東斜面の千畳敷カールは、日本の氷河地形の中ではもっとも歩かないで訪れることのできる場所です。駒ヶ岳ロープウェイの終点・千畳敷駅は千畳敷カールの末端に位置しています（**写真7.4-1**）。駅はモレーンの上に建設されているのです。駅を出ればそこはカールの底、駒ケ岳神社が鎮座しています。10分も歩けば「剣ヶ池」という氷河池があります。季節によっては一面のお花畑が楽しめます。1時間ほど我慢をしながら、かなりきつい斜面を登れば、中央アルプスの稜線に出られ、西側の展望も開けます。

稜線に出た後は、ゆったりとした尾根を約1時間かからずに木曽駒ヶ岳山頂に着きます。東斜面と北東斜面にカール地形が見られます。東斜面の底部には駒飼ノ池、北東斜面には濃ヶ池があります。これらの池もカール底部、標高2600メートル付近に位置します。

木曽駒ヶ岳から南へ6キロメートル、熊沢岳（2778メートル）付近の稜線東側に池ノ平カールが広がります。カールの末端は標高2700メートル程度です。熊沢岳から南へおよそ3キロメートルの地点に空木岳（2864メートル）が位置しますが、周辺ではもう氷河地形は認められません。

南アルプスの氷河地形も北アルプスに比べれば貧弱です。北部に位置する仙丈ヶ岳山頂付近に三つのカールが集中し、残りの一つが南部の赤石岳付近（**写真4.2-12**）にあります。

仙丈ヶ岳の南東斜面、大仙丈ヶ岳（2975メートル）の稜線直下に広がるのが大仙丈カールです。カールの底部は植生が広がりますが、2800メートル付近が底部のモレーンと推定されます。

仙丈ヶ岳の山頂北側にあるのが、藪沢に向かって広がる仙丈藪沢カールです。三つのカールの中では一番小さく、森林限界を超えた付近がカールの底部ですので、標高は2900メートル程度です。カールの中に沢があるので高山植物が特に豊富です。

写真 7.4-1
中央アルプス千畳敷カール

写真 7.4-2
千畳敷カールから見た南アルプス

仙丈ヶ岳の頂上から北東へ小仙丈ヶ岳（2864 メートル）にいたる小仙丈尾根の南東側に広がるのが小仙丈カールです。小仙丈ヶ岳から仙丈ヶ岳を望むとカールも確認できます。カールの底は 2700 メートルくらいと推定できます。

北岳山頂から東側の大樺沢に鋭く切れ込んで落ちる石灰岩の岩壁（北岳バレット）も、氷食地形と推定されます。クライマーが憧れる岩壁が並んでいます。岩場の底部はお花畑です。

南部の赤石岳山頂北側には北沢カールが位置しています（**写真 4.2-12**）。カールの底は 2900 メートルです。赤石岳から悪沢岳（荒川東岳）までの 3000 メートルを超すピークが並ぶ稜線は氷食地形が見られ、規模は小さいですが氷河地形の発達が認められます。

7.5 日高山脈の氷河地形

日高山脈は標高が2000メートルを超える山は幌尻岳（2052メートル：**写真7.5-1**）のみで1500～2000メートルの山々が連なっています。積雪も多くはありませんが、北海道という日本列島の北端に位置しているため、数多くの氷河地形が発達しています。日高山脈のカール地形は二つの型に分けられています。

その第一は日本アルプスでは見られない（残っていない）最後の氷期（1万数千年前に終わった）のもうひとつ前の氷期（15万～20万年前頃）のときの氷河地形が残っているのです。この地形はおもに日高山脈の中部以南の地域に認められます。日本アルプスには残っていないと記しましたが、前節で述べたように横尾付近まで延びた、槍沢や横尾谷の1700メートル付近のモレーン地形やU字谷は、前の氷期に形成されたと考える人もいるようですが、はっきりした証拠が残っているところはないようです。

日高山脈ではこのときの氷食作用でできたカールの底は1300～1400

写真7.5-1　幌尻岳七つ沼カール

メートル付近に位置します。現在では末端のモレーンの地形が崩れていて、その下限がはっきりしないところが多いのです。しかし、その末端が 1100 ～ 1200 メートルまで垂れ下がる地域もあります。

第二は最後の氷期で発達した氷河によって形成されたカールです。当然のことながらそのカールの底は、第一の型のカールの底より高い位置にあり、その形態もよく保たれています。カールの底は 1600 ～ 1700 メートルですが、氷河の最大拡張期には 1400 ～ 1500 メートルまで氷河舌（氷河の末端が舌のように広がった形）が発達していたことが、当時のモレーンの分布から推測されています。

第二の型のカールの多くは第一のカールの中にあり、規模も第一の型よりは小さいです。

日高山脈全体では 30 か所以上の第一、第二の型のカール地形が確認されています。中央部の北戸蔦別岳（1920 メートル）の北斜面、同岳から南の戸蔦別岳（1959 メートル）までの尾根の東斜面、さらに南の幌尻岳までの尾根の東斜面や、幌尻岳の北斜面などには、第一の型のカールと第二の型のカール、つまり新旧二つの時代のカールの共存が見られます。

当然のことながら第一の旧カールは大きく、そのカールの中に第二の新カールが形作られています。第二の型、つまり新しいカールもまた十数万年にわたる氷期の間には消長があり、その痕跡と推定される地形が残っているところもあります。

幌尻岳の南、日高山脈の中部に位置するカムイエクウチカウシ山（1980 メートル）の南北に延びる山稜に沿ってもカールが並びます。山頂東側はカールによって深くえぐられた地形が残っています。

7.6　カール地形にある首都

これは日本の話ではありませんが、多分世界でここだけだと思いますので、本書で紹介しておきます。南アメリカ大陸のボリビアは、南緯10～22度、西経58～69度に位置し、北から東をブラジル、南をパラグアイとアルゼンチン、西をチリとペルーに接する内陸国です。ペルーとの国境標高3800メートルの高地に位置するチチカカ湖も含まれます。

国土のおよそ3分の1がアンデス山脈の高地に属します。首都のラパスもアンデス山脈の東斜面に位置しています。ラパスの国際空港は標高4000メートルを超える高地にあり、世界一標高の高い国際空港として知られています。多民族国家で、日本からの移民の人たちは1900年頃から入植しています。

日本でボリビアを有名にしたのは、ウユニ塩湖（**写真7.6-1**）です。塩湖は日本にはありませんので第5章では紹介しませんでした。塩湖には湖水の水が海水の塩分濃度の数倍のもの、湖水の表面が厚い塩の板で、あたかも結氷しているように覆われているもの、そして湖水の窪地すべてが塩で埋め尽くされているものなどがあります。ウユニ塩湖はボリビアの中央西部にあり標高3700メートルの高地に広がる塩の原野とでも形容できるでしょうか。湖に水はなくすべてが塩なのです。南北約100キロメートル、東西約250キロメートルの世界最大の塩湖です。

ラパスとの間には空路も開設されたので、それまではバスで悪路をほぼ一日かかって移動していたのが、1時間足らずの飛行で訪れることができるようになりました。

湖畔の町には塩のホテルが建設されています（**写真7.6-2**）。塩のホテルとは、建設資材として石のブロックを使う代わりに、湖から切り出した塩のブロックを使うのです。扉や窓枠、屋根などを除き、壁も外壁もすべて塩のブロックです。ベッドやテーブル、ソファなども塩のブロックです。ベッドは塩のブロックの台の上にマットがあり、毛布も用意されており快適な睡眠が取れました。ソファにはクッションが置かれ、テーブルの上にはティーセットが置かれています。壁のブロックには彫刻が施され、あちこちにレリー

写真 7.6-1　**ウユニ塩湖**　湖面すべてが塩の原野

写真 7.6-2　**塩のホテル内部**

写真 7.6-3　**ウユニ塩湖**　湖上観光はすべて四輪駆動車

写真 7.6-4　塩湖の表面の水溜りは天空の鏡になる

写真 7.6-5
ウユニ塩湖のインカワシ島

写真 7.6-6　**ラパス市中心域**

写真 7.6-7　**ラパス市内のカール下方**

写真 7.6-8
ラパス市内急坂のカール斜面

フが飾られています。飾るというよりレリーフが欲しいと思う壁面を削ればよいのですから、技術さえあれば簡単にできてしまいます。廊下も塩です。砂のようにさらさらした塩が敷き詰められているという感じです。トイレやシャワー、洗面台はそれぞれ塩のブロックの上に置かれています。白いこと以外特に違和感はありません。廊下のあちこちに塩で彫刻した動物や人形などが置かれていました。塩像とよんでよい出来栄えでした。とにかく快適に過ごせるホテルでした。

湖の観光は四輪駆動車でのドライブです。見渡す限りの白い台地を走るのですが、私は南極の氷原を走ったときと同じ感覚を味わいました。雨が降れば湖面つまり塩の原っぱの上に水溜まりができます。その水溜まりは青空も、周辺の景色も、自分自身も美しく反射してくれます。「天空の鏡」と称されています。自分のジャンプした姿を実像と湖面の鏡への反射とで一枚の写真を撮ろうとする人が多く見られます（**写真 7.6-3**、**写真 7.6-4**）。

塩原の中心付近にはインカワシ島があり、サボテンが自生しています。また少し離れた湖面にはホテルやレストランが設けられ、塩の大地を訪れる人たちにオアシスの役割をしています。湖では塩の生産が行われています。もちろん土産物は食塩です（**写真 7.6-5**）。

ラパスの緯度は南緯 16 度、熱帯に近いですが、標高が高いので暑さは感じません。ボリビアの首都はラパスの南東およそ 400 キロメートル、標高 2700 メートルのスクレでしたが、1899 年の革命に勝利した政党が、立法権と行政権をラパスに移し、それ以来実質的な首都になっています。現在でもラパスには議会と政府が置かれ、事実上の首都として機能しています。ちなみにラパスは通称で、正式名はヌエストラ・セニョーラ・デ・ラ・パスです。

ラパスは標高 4000 メートルのアンデス山脈東側の高原から東斜面にできた巨大なカールの中に発達した町です。カールの底は標高 3500 ～ 3600 メートルで、市域面積 470 平方キロメートルの中におよそ 80 万人が暮らしています（**写真 7.6-6**）。カールの底の低地には高所得者が、縁に近づくほど、つまり標高が高くなればなるほど低所得者の住む町になっています（**写真 7.6-7**）。それは当然カールの底の方は呼吸がしやすく、縁の方、4000 メートルの高さ付近では息苦しさが増すからです（**写真 7.6-8**）。

21世紀になってカールの底から縁に向かって、三方向にロープウェイが架設され、市民の移動手段は格段に楽になりました。

近年はカール内の人口はほぼ飽和状態になり、標高4000メートルの空港方面の平坦地に市街地が拡大しています。カールの底から下に2段ぐらいはモレーンと思しき丘が追跡できます。その近くには「月の谷」（**写真7.6-9、写真7.6-10**）とよばれる観光スポットがあります。侵食によって大地が削られ、粘土の尖塔が並んでいます。徳島県の土柱と同じですが、規模が大きく、散策路が整備されています。

ラパスを日本に例えると、北アルプスの涸沢です。もちろん涸沢はラパスに比べればスケールは小さいですが、地形だけに関してみれば、涸沢カールの斜面に80万人が住み、穂高の山頂付近は高原で4000メートルの滑走路を持つ飛行場が建設されていると想像してください。ラパスのカールのスケールは涸沢のほぼ10倍、標高は1000メートルも高いのです。うまく説明できていませんが、世界の首都の中にはこのように氷河が創造したカールの中に発達した首都もあるのです。

ラパスへの観光は標高が高いことを十分に理解して準備をしなければなりません。北アメリカ各都市からも、南アメリカ各都市からも、空域では、標高は高いところでも数百メートルの飛行場から出発することになります。そして到着地点の標高は富士山より高いのです。ヘリコプターで羽田空港を離陸、富士山頂に下ろされたのと同じです。高山病に悩まされないためには、途中の都市で1～2日過ごし高度順化をし、到着したら急がずにとにかくゆっくり、のんびり行動することです。

写真 7.6-9　**土の尖塔が林立するラパス郊外の月の谷**

写真 7.6-10　**月の谷に並ぶ土の尖塔**

JAPANESE
ARCHIPELAGO

第8章

変化に富む海岸線

湘南海岸から見る富士山、箱根山

8.1　日本列島の海岸線

日本列島の地球上に占める面積はたった0.25%ですが、大小さまざまなおよそ3600の島々から構成されており、その海岸線の総延長は2万9000キロメートルにもなります。太平洋、日本海、オホーツク海、東シナ海に囲まれ、列島の隆起や沈降、海進、海退による渚線の変化、さらに地震に伴う隆起や沈降の地殻変動など、日本列島は常に変化をし、その歴史の中で海岸線もまた変化を続けています。

日本列島ではどの地方も長い海岸線があります。その海岸線の地形は大きく分けると、沈降性海岸と隆起性海岸の二つがあります。そしてその海岸に露出している地層や崖の高さや形、さらにはそこに押し寄せる波の荒さや海流などによっていろいろな景観を呈しています。

しかし、その海岸線の地形を決定しているのは、長期間にわたる海面の上昇や下降の海水準変動です。海岸線とは陸地と海水とが接しているところで「汀線（ていせん）」ともよばれています。国土地理院の発行する地形図では、満潮時の海岸線が示されていますし、海上保安庁発行の海図では、最低低潮時（干潮時）の海岸線が示されています。

地球上には、海岸線がはっきりしない地域が数多く存在しています。三角州が発達するナイル川の河口付近やアマゾン川の河口はその例です。1960年代までの南極大陸の海岸線は、地形図にはほとんど点線で示されていました。調査が進まず海岸線が確定できないのと、沿岸が氷に覆われ海岸線をはっきりと決めることができなかったからです。しかしこれらの地域も現在では海岸線もかなり正確に表示されるようになりました。

沈降性海岸は地殻変動で地盤が沈み、谷を形成しながら流れていた川に海水が逆流を始め、入り江になり、谷の両岸の尾根は岬になります。山の低いところは水に覆われ、峰々が切れて島が出現します。宮城県の松島湾（**写真8.1-1**）は静かな海と緑の松が茂る風光明媚な景観を呈し、日本三景の一つに数えられていますが、沈降性海岸の一つの例です。松島湾内には数多くの大小の島が点在して、沈降した地形に海水が進入して陸地が分断されて形成された多島海です。

リアス式海岸は山地が海岸に迫り、屈曲の激しい入り江になっている特徴があります。氷期の海面の低下により陸地化したり、新たに形成されたりした川や谷へ、海面の上昇によって海水が進入した結果、現在の地形が形成されました。

隆起性海岸では鹿島灘や九十九里浜、日南海岸のように、凹凸のない弓型の地形の砂浜の砂質海岸や岩石海岸がその代表です。岩石海岸は切り立った断崖や岩石が露出する磯が形成されている海岸です。火山島の周囲も岩石海岸が多いですが、噴火口が海に開いて、天然の良港を形作っています。歌に歌われた伊豆大島の「波浮の港」はその一例です。

南西諸島にはサンゴ礁の海岸が発達していますが、成立過程の異なる2列の島々が並んでいます。薩摩硫黄島、口永良部島、諏訪之瀬島などのトカラ列島から尖閣諸島の東シナ海に面した内側の列は火山列で西日本火山帯フロントです。外側の太平洋に面した奄美大島、沖縄本島、宮古島や石垣島などの奄美諸島から琉球諸島は1億～2億年前に海底で堆積した岩石から、数千万年前に堆積した岩石でできた島です。その古い地層の上にサンゴ礁が形成されて積み重なっていったのです。サンゴ礁を形成するサンゴは造礁サンゴとよばれ、宝石店で売られる装飾サンゴとは別の種類です。

現在見られるサンゴ礁は、最後の氷期が終わり海面が上昇を始めたことに合わせて、成長していったものですが、そのサンゴ礁が取り巻く島の上には古い、いろいろなサンゴ礁が見られ、島の隆起を物語っています。

沖縄本島の東400キロメートルにある大東諸島は、海台とよばれる海底の台地上の隆起部分の上にサンゴ礁が発達した、文字通りサンゴ礁の島です。さらにその東、緯度では沖縄本島とほぼ同じ小笠原諸島やその南の硫黄島など亜熱帯の島々に造礁サンゴが分布しています。

南西諸島は黒潮のおかげで年間を通して暖かく、18℃以上の水温と塩分が25‰（1‰は1000分の1%）以上の海水の環境で、造礁サンゴは成長していきます。したがって九州東岸から四国、紀伊半島、遠州灘の沖合、伊豆諸島から小笠原諸島でも造礁サンゴは生育します。その中で奄美諸島以南、伊豆諸島の中間から南などが、サンゴ礁が汀線付近まで発達する領域と考えられています。

写真 8.1-1　**日本三景の一つ、松島**

写真 8.1-2　**陸繋島の江の島**

8.2 隆起海岸

日本列島では海岸に砂浜が広がる砂質海岸は、北海道東海岸のオホーツク海から太平洋に面した地域、宮城県南部から福島県、さらに鹿島灘、九十九里浜と分布しています。さらに遠州灘沿いには浜岡砂丘、中田島砂丘など遠州大砂丘が続きます。日向灘もまた弓型の砂浜が発達しています。

オホーツク海沿岸の海岸は砂浜が発達し、5.3 節（125 ページ）で述べたように海跡湖が発達しています（**写真 8.2-1**）。冬はその海岸に流氷が押し寄せ、日本列島の海岸としては特異な風景を呈します。流氷はオホーツク海北西部で生まれ発達します。その海域はアムール川の河口に近く、その河川水の流入により海水の塩分濃度が低く、結氷しやすく、海氷が発達します。生まれた海氷は流氷となって風と東樺太海流に乗って北海道北東海岸に漂着するのです。

宗谷岬から東の斜里まではゆるい弓型のオホーツク海の海岸線で、そこから知床半島の先端までが、オホーツク海と太平洋を分断しています。流氷は海岸線に沿って沖合まで、オホーツクの海を埋め尽くします。オホーツク海には流氷の原野が出現し、海氷の群れが根室海峡から太平洋へと進出するこ

写真 8.2-1　**知床半島オホーツク海岸には海に直接落ちる滝が並ぶ**

ともあります。

北海道東部の根室半島に位置し、根室海峡に突出している野付半島は先端の野付崎まで全長28キロメートルの日本最大級の複合砂嘴（さし）とよばれる地形です。野付崎から内側が野付湾で干潟が多く湿地帯で、多様な甲殻類や貝類などの底生生物が生育し、それらを餌とするオオハクチョウやタンチョウなどの渡り鳥も飛来します。トドマツの立ち枯れたトドワラや海水の侵入で立ち枯れたナラワラが見られます。

駿河湾の奥にある三保の松原で知られる長さ約６キロメートルの三保半島も、日本の代表的な砂嘴の一つで、富士山を背景にした緑の松原の風景は、日本の風景の原点の一つといえるでしょう。付近の海底の地形から海岸線に押し寄せる波は、岸に平行にならずやや斜めに打ち寄せます。しかもその波は、その西側に注ぐ安倍川の土砂を次々に運び海岸線に堆積させて、砂嘴を成長させています。１年に2.8メートルも延びるとの記録もあります。

半島の先端は波に押されて内側に、内側にと曲がります。するとその曲がった先端はそのままにして、その先に次の砂嘴が形作られていきます。このように砂嘴が重なって枝分かれしたものを複合（分岐）砂嘴とよびます。

近年は安倍川での砂利採取が進み、海岸に供給される砂礫の量が激減して、三保の松原の海岸が削られるようになりました。安倍川ばかりでなく、20世紀後半から日本の河川ではダムがつくられ、砂礫の流失量が激減した川も多く、このため海岸の浸食が激しい地域が現れています。

その一つが、安倍川から西へ、大井川を越して、御前崎の西に広がる遠州大砂丘です。太平洋の荒波が打ち寄せ、遠州灘に面して幅は１キロメートル程度ですが、総延長は40キロメートルを超える砂丘が創出されています。特にその東の端の浜岡砂丘は、西側の天竜川の砂礫が運ばれ、打ち上げられて形成されました。遠州大砂丘は西に延び、中田島砂丘を経て、浜名湖へと続きます。浜名湖が砂州で仕切られた海跡湖だったことはすでに述べました。しかし近年は、やはり河川からの砂礫の供給が減り、遠州灘一帯の海岸は浸食の激しい海岸となっています。

本州最南端の潮岬を中心とする紀伊半島先端付近にも特異な地形が並んでいます。東側の志摩半島付近はリアス式海岸が発達していますが、西の那智勝浦付近では海食洞の中に温泉が湧いている場所があります。陸繋島の紀伊大島付近の橋杭岩は岬が浸食された地形ですが、弘法大師が一夜で立てたという伝説があります（**写真 8.2-2**）。西側の白崎海岸は5キロメートルに及ぶ白い石灰岩が波に洗われている岩石海岸です。2億5000万年前に赤道付近で堆積した石灰岩が日本列島に付加したと考えられています。

日向灘に面した宮崎県の海岸線は北部では沈降性、中部は隆起性、南部は断層性の岩石海岸といろいろな様相を示しています。その中でも青島から油津付近までの海岸は隆起した岩盤が波に現れ、浸食作用を受けているのがよくわかります。青島周辺の鬼の洗濯板とよばれる海食台は砂岩と頁岩が互層となって露出しています（**写真 8.2-3**）。波に弱い頁岩は波に削られ浸食され、その間に砂岩の突起が列を作ります。しかしその砂岩の突起の列も亀甲状に割れていたりします。

鬼の洗濯板は満潮時には浅く海水に覆われ、その岩棚の縁は波浪が崩れる線となります。ですからその表面はすべて波にさらわれますから、礫などは残っていません。干潮時には大きな台状の岩盤が現れます。このような平坦な面を海食台とよびます。

鬼の洗濯板の中心に位置するのが周囲1.5キロメートルの青島です。亜熱帯性の植物27種を含む200種、5000本の樹木が茂っています。中でもヤシ科の亜熱帯性常緑樹木ビロウが数多く自生しています。

海食棚が発達している島に、神奈川県湘南海岸の江の島（**写真 8.1-2**）があります。関東地震が起こるごとに隆起がくり返されている島です。現在の島の周囲の海食棚は1923年の大正関東地震で隆起したものです。海に面した崖のところどころに、波に削られた海食洞が点在します。その入り口は、現在の海面より3～4メートル上になっています。

江の島は沖合から波によって運ばれてきた砂礫が堆積し、ついに陸にまで達しました。陸につながった砂嘴は砂州とよびます。陸繋砂州です。そしてこのような島を陸繋島とよびます。北海道の函館山は北海道の玄関口・函館とは砂州で結ばれ、典型的な陸繋島の一つです。紀伊半島の南端・串本と結ばれている紀伊大島もまた陸繋島の一つです。

遠浅の海岸が隆起すると、平坦な地面が露出します。このような地盤の隆起作用で出現した平野を沖積平野(ちゅうせきへいや)とよび、農地、さらに都市部では工業用地として広く利用されています。東京湾、大阪湾をはじめ、近年では多くの大都市で沖積平野が工業用地となり、海に面した工業地帯が形成されています。

千葉県房総半島先端の野島崎付近では、海岸に沿って幅500メートルほどの平坦地があり、稲作などが行われています。田んぼの土の厚さは50センチメートル程度と極めて薄いです。もともと海岸付近にあって波食作用を受けて出現した平坦地で、過去にくり返された関東地震によって20メートルほど隆起したために、海面上に露出した地形です。このように波の作用でできた平坦地が隆起して、海岸に沿う台地となった地形を「海岸段丘」とよんでいます。

写真 8.2-2
本州最南端に近い橋杭岩

写真 8.2-3
日向灘に面した「鬼の洗濯板」とよばれる波状岩

8.3 リアス式海岸

岩手県から宮城県北部の北上高地の太平洋岸では山地が海に迫り、深い入り江と岬が交互に海と接して形成されている、屈曲の激しい海岸線はリアス式海岸の典型例とされ、教科書にもしばしば載っています。侵食によってできた谷に海が進入して、「おぼれ谷」となったので、陸地が海面に対して沈降している証拠とされています。おぼれ谷は陸上に形成されていた谷が、海面の上昇や地盤の沈降で海面下に沈んでできた湾や入り江を指します。

最終氷期が終わった後、1万年～5000年前くらいの間に、世界中の海岸でおぼれ谷は出現したのです。大きな河川の河口近くなどでは砂泥に埋められ平野となりましたが、砂泥の少ない地域では現在もその状態が保たれているのです。

三陸海岸はその代表ともいえます。2011年の東日本大震災の後、三陸海岸一帯は「三陸復興国立公園」に指定されました。

写真 8.3-1 釜石湾 沖合に見える横長の物体は崩壊した津波対策の防潮堤

三陸海岸の地形は、平均的には湾口は東に向き広く開き、湾奥は狭いV字形です。東に開いていることは、三陸海岸の沖合およそ250キロメートルを海岸線と平行に南北に走る日本海溝に向いているということです。その日本海溝では1896（明治29）年に「明治三陸地震」（M 8.2：綾里で38.2メートルの津波）、1933（昭和8）年に「昭和三陸地震」（M 8.1：綾里で28.7メートルの津波）、さらに遠く太平洋の彼方のチリ沖で1960（昭和35）年「チリ地震」（M 9.5：津波は5～6メートル）が起こり、発生した大津波によりそれぞれ三陸海岸に大きな被害をもたらしていました。

1960年にチリ沖で発生した「チリ地震」は21世紀の今日でも史上最大の地震です。チリ沖で発生した津波はおよそ22時間で日本に到着します。途中にはハワイ諸島がありますが、この時も東に湾口が開いたハワイ島ヒロを襲い、日本列島にほぼ真東から到達しました。手元の地球儀で三陸海岸とチリ沖を糸で結ぶとわかりますが、地球が丸いので、日本列島にはほぼ真東かチリ沖で発生した津波が到達し被害を大きくしたのです。

そして2011年3月11日の「東北地方太平洋沖地震」（M 9.1）が発生、現地調査では三陸海岸の津波は最大遡上高40メートルに達しています。このとき、気象庁は石巻沖に設置してある潮位計のデータが6メートル程度なので、津波の高さを10メートルと予測して発表しました。10メートル程度の津波ですと田老や釜石の海岸に建設されていた防潮堤で防げると考えた住民は避難せず、その結果多くの人が命を落としました（**写真8.3-1**）。

田老では1933年の昭和三陸沖地震の津波の経験から、高さ10メートル、長さ2.4キロメートルの防潮堤を建造してありました。地元民からは海岸風景が一変したとの不評もあったようですが、1960年のチリ地震津波でその役目を果たしました。田老の防潮堤が有効だったことを見た釜石市では、チリ津波の後30年と30億円の費用で釜石湾に防潮堤を建設しました。ところがその防潮堤は一度も役目を果たすことなく、破壊されてしまいました。田老の防潮堤も同じように破壊されました。

「三陸沖にM8クラスの巨大地震が発生すれば、大津波に襲われる」は三陸海岸に住む人々の格言です。それは三陸のリアス式海岸の特徴で、湾口がV字状に東に開いているため、津波はまっすぐに湾内に侵入してきます。

そして狭くなっている湾奥に、広い湾口のエネルギーがすべて集中するので、沖合での津波の高さ以上に、津波は山の斜面を遡上するので、被害は増大してしまうのです。

田野畑村の格言は「津波が来たらとにかく高いところに逃げろ」でした。防潮堤というハードな施設に頼らず、格言というソフトな知識にしたがった人々は、ほかの市町村と比べて犠牲者の数は10分の1でした。

東日本大震災の直後、テレビ取材に答えていた地元漁師さんの言葉が強く印象に残っています。「家も、舟も、漁具もすべて失いました。津波は自然現象だから仕方がありません。幸い命だけは残りましたので、またやり直します」。三陸海岸には風光明媚なスポットが並んでいます。そこに住む人々が自然に対してきわめて謙虚に接していることが、この言葉から理解できました。

三重県志摩半島の海岸線もリアス式海岸として知られています。鳥羽から英虞湾（あごわん）にいたる海岸線は東向きで、1960年のチリ地震では大きな被害を受けました。英虞湾は真珠の養殖でも知られています。

豊後水道を挟んで愛媛県側と大分県側の沿岸にもリアス式海岸が発達しています。特に愛媛県側は佐田岬半島から南の宇和海にかけての海岸線がリアス式海岸で、海の幸に恵まれた海域です。また背後の山の斜面は柑橘類の栽培が盛んですし、宇和島は闘牛でも知られています。

大分県佐賀関半島から宮崎県延岡までの海岸線もリアス式海岸が発達しています。特に佐賀関周辺の海域で獲れる関サバ、関アジはブランド品として全国的に知られています。

九州北西部、福岡県の糸島半島から佐賀県の東松浦半島、北松浦半島の間の玄界灘に面した海岸線もまたリアス式海岸です。博多湾入り口東側には金印が発見された志賀島が、また糸島半島の東側には元寇防塁跡が残り、東松浦半島の北端には豊臣秀吉の朝鮮出兵時の名護屋城跡が残り、それぞれの歴史を感じさせてくれる海岸線でもあります。

8.4 瀬戸内海

写真 8.4-1 **鳴門の渦潮**

瀬戸内海は本州、四国、九州に囲まれた内海で、山口、広島、岡山、兵庫、大阪、和歌山、徳島、香川、愛媛、大分、福岡の 11 府県が、それぞれの海岸線を持っています。沿岸地域を含めて瀬戸内とよばれ、古来、大阪周辺の畿内と九州を結ぶ航路として栄えました。温暖で雨量が少ない気候は、瀬戸内海式気候とよばれています。

東西 450 キロメートル、南北に 15 ～ 55 キロメートル、平均水深 38 メートル、最大水深 105 メートルで、外周が 0.1 キロメートル以上の島は 727 島あるといわれていますが、それ以下のものも含めると数千島もあり、島の基準によって変わるのではっきりはしません。いずれにしても多島海です。その範囲の国際的な定義としては以下のようです。

- ・西端・下関海峡において、名護屋岬から馬島と六連島を通り村崎の鼻にいたる線
- ・東端・紀伊水道において、田倉崎と淡路島の生石鼻、同島の塩崎と大磯崎を結ぶ線
- ・南端・佐田岬と関崎を結ぶ線（豊予海峡）

写真 8.4-2
明石海峡大橋

写真 8.4-3 **境内にも潮が満ちてくる厳島神社**

写真 8.4-4 **日本三景の一つ、安芸の宮島・厳島神社の大鳥居**

写真 8.4-5 **厳島、弥山山頂の弘法大師ゆかりの「消えずの火」から合火された「平成の火」(広島市平和公園)**

写真 8.4-6
厳島、弥山山頂から眺めた多島海の瀬戸内海

瀬戸内海の全体的な傾向としては、東側が浅くなり湾や灘とよばれる広い海域が瀬戸や海峡とよばれる狭い水路で連結されている複雑な構造です。水路部分は現在でも、その強い流れで浸食され続けていて、最深部は鳴門海峡でおよそ200メートル、豊予海峡（ほうよかいきょう）で約195メートルと推定されています。

瀬戸内海は潮の干満差が大きく最奥部にあたる燧灘（ひうちなだ）周辺では最大２メートル以上にもなります。このため、潮流は強く場所によっては川のように流れます。この潮流によって鳴門海峡では「鳴門の渦潮」（**写真 8.4-1**）が発生しているのです。幅1400メートルの海峡全体に１日４回、直径10メートルを超す渦巻きが無数に起こるのです。波静かな瀬戸内海もこのときばかりは荒れ狂うように見えます。

本州と四国を結ぶ橋は以下の３ルートが架けられています。

- ・神戸・鳴門ルート：明石大橋・鳴門大橋（神戸淡路鳴門自動車道）（**写真 8.4-2**）
- ・児島・坂出ルート：瀬戸大橋（瀬戸中央自動車道、JR 瀬戸大橋線）
- ・尾道・今治ルート：瀬戸内しまなみ海道（西瀬戸自動車道）

瀬戸大橋は自動車道と鉄道の二重構造になっています。この鉄道の開通により北海道から九州までの日本列島はすべて鉄道で結ばれました。

およそ1600万年前、日本列島がユーラシア大陸から分かれ、大地溝帯に海が出現しましたが、その海を古瀬戸内海とよんでいます。古瀬戸内海には現在の和歌山県、大阪府、さらに東に延び濃尾平野まで広がり、西側では大阪湾、兵庫県西部、岡山県、広島県東部、島根県東部などが含まれていました。古瀬戸内海は亜熱帯の海でサンゴやマングローブが生育していました。

古瀬戸内海の出現後、現在の中国山地は広く浅い海でしたが、隆起が始まり、現在見られる1000メートル前後の高さにまで成長しました。その南の地域では1400万～1000万年前になると、古瀬戸内海の中や周辺で火山活動が活発になりました。紀伊半島付近では二上山や室生火山が活動を始め、讃岐では屋島の溶岩台地の出現、周防大島での火山活動などの結果、古瀬戸内海は陸地化しました。その後も陸地化は進み、７万年前頃には瀬戸内海一帯は大平原地帯でステゴドンやナウマンゾウが闊歩していました。広島県下では１万数千年前の石器時代の石器が発見されており、瀬戸内海地域はすでに人間の活動の場になっていたのです。

最後の氷期が終わり6000年前頃には瀬戸内海は現在の多島海の形になっていたと考えられています（**写真8.4-6**）。

その頃の瀬戸内海にはニホンアシカ、クジラ、ウミガメやサメ類などの一大生息地でしたが、現在ではほぼ消え去っています。岡山県、広島県、山口県の瀬戸内沿岸では工業化が進み、それにともなって環境も悪化しました。各地で埋め立てが進み、藻場、干潟、自然海岸などの浅海域の減少は続いています。閉鎖水域であるため、下水道や油流出の事故などで水質の汚染が進み、赤潮の発生がしばしば起こります。

しかし瀬戸内海は重要な水路として海運や漁業で多くの船舶が運航しており、近年はレジャーボートの数も増しています。

漁業は昔から盛んでしたが、一時期乱獲などで衰退しました。しかし近年は関サバ、関アジ、明石鯛、明石蛸、鳴門の鯛、下関のフグ、広島のカキなど瀬戸内海のブランド品が存在しています。岡山沿岸ではカブトガニが生息し天然記念物となっており、笠岡には笠岡市立カブトガニ博物館が開設されています。

瀬戸内海の島々は第二次世界大戦後、開墾され段々畑が増え、柑橘類やオリーブの栽培が盛んです。

瀬戸内海が古くから交通の大動脈として機能していたことは『魏志倭人伝（ぎしわじんでん）』の記述や古事記と日本書紀の国産（くにう）みの項で、イザナミの生んだ島が瀬戸内航路に並んでいることからも推測されます。

平安時代末期には平清盛が瀬戸内航路を整備し、神戸福原に港を築き、音戸の瀬戸開削工事を行いました。また厳島神社の整備も進めました。厳島にある厳島神社（**写真8.4-3、写真8.4-4**）は「安芸の宮島」と称され、日本三景の一つです。

宮島のロープウエーで登れる弥山山頂付近は弘法大師の修業の場で、霊火堂にはおよそ1200年間絶えることなく燃え続ける「消えずの火」があります。広島市内の平和公園内にある「平和の灯」（**写真8.4-5**）は「消えずの火」が合火されています。

8.5 日本海の海岸

日本列島は太平洋岸が隆起し、日本海側は沈降傾向にあるといわれます。確かに大陸の縁から成長してきて、その間に海が広がったのですから、長期間の傾向はその通りでしょう。しかし、現在見られる海岸の地形はもっと短い時間軸の現象がほとんどです。

津軽半島の最先端、竜飛崎は青函トンネルの本州側入口としても知られるようになりましたが、その沖合では日本海側の潮流と津軽海峡の潮流がぶつかり合い、風も波も雪もがたたきつける岩石海岸です。背後には高さ 100 メートルの海食台が形成されています。この海岸段丘は南へ 10 キ

写真 8.5-1　**陸地となった象潟の島々**

写真 8.5-2　**日本三景の一つ、天橋立の股のぞき**

写真 8.5-3　鳥取砂丘

ロメートル以上も続きます。

津軽平野の北端に位置する十三湖は岩木川が流れ込む海跡湖で、シジミが主要な漁業です。その海に接する近くには十三湊（とさみなと）が位置しています。十三湊には多くの北前船が寄港し日本海沿岸の貿易で繁栄した中世の港湾都市の遺跡が残ります。津軽平野の南端には岩木山（津軽富士）が美しい姿を見せています。

JR 五能線の鰺ヶ沢から深浦にかけての車窓には岩石海岸越しに日本海が望めます。地震で隆起した海食台が千畳敷の名で広がっています。艫作崎（へなしざき）（黄金崎）には不老不死温泉があり、日本海に沈む夕日を眺めながらの入浴は絶品とされています。海岸線近くに点在する十二湖の背後には世界最大級といわれるブナの原生林が知られている白神山地が広がります。

なまはげで有名な秋田県の男鹿（おが）半島の先端にはマールの一ノ目潟、二ノ目潟、三ノ目潟が並び、半島の付け根一帯は海跡湖だった八郎潟の干拓地が、広大な美田に変わっています。秋田県南端の象潟（きさかた）（**写真 8.5-1**）は、江戸時代までは東の松島に匹敵する景勝地で、九十九島（つくもしま）、八十八潟（やそはちがた）とも称せられていました。

「おくのほそ道」の旅の最北端の地として、松尾芭蕉はこの地を訪れています。1689（元禄 2）年 5 月 16 日（新暦：旧暦では 3 月 27 日）に江戸を出立した芭蕉と弟子の曽良は、6 月 25 日（新暦：旧暦では 5 月 9 日）には松島を訪れています。奥羽山脈を越えた二人は 7 月 19 日に最上川を船で下りました。梅雨明けの最上川の水量は豊富だったのでしょう。

「五月雨をあつめて早し最上川」

二人は出羽三山に参拝後、8 月 1 日（新暦：旧暦では 6 月 16 日）に象潟（きさかた）を訪れました。象潟橋のたもとから船に乗り能因島、西行法師ゆかりの老桜、干満珠寺（蚶満寺）などを遊覧しています。干満珠寺の本堂で眺めた光景を

「南に鳥海、天をささえ、其陰うつりて江にあり」

と記しています。また

「俤(おもかげ)松島に通ひて、また異なり。松島は笑ふがごとく、象潟は憾(うら)むがごとし」

とまとめています。

「象潟や雨に西施(せいし)がねぶの花」

芭蕉が訪れてから 115 年後の 1804（文化元）年 7 月 10 日、のちに「象潟地震」とよばれるようになった地震（M 7.0）が起こり、5000 棟以上の家屋が潰れ、300 人以上の死者が出ました。付近一帯の海は隆起し、すべては陸地となりました。地震によって起こされた最大の地殻変動です。現在は点々と残る松が生える小丘に、当時の九十九島が偲ばれます（**写真 8.5-1**）。

最上川の河口に開けた酒田平野を過ぎると、山が迫り岩石海岸の様相を呈します。沖合に佐渡島を望む新潟平野は、信濃川が運ぶ土砂の激減により、砂浜の海岸は浸食を受け続け、市内では地盤沈下が続いています。特に冬の砂浜は激浪により削られ、浜の砂も、雲も、海も暗い灰色を帯びています。

親不知(おやしらず)の岩石海岸を過ぎると、富山湾に面した海岸線となります。魚津埋没林は富山県魚津市の海岸で発見された埋没林で、国の天然記念物に指定されています。1930 年に魚津港の改修工事の際に海底で発見されたのを皮切りに、1952 年、1989 年、2016 年にも発見されました。いずれも発見場所は海底でしたので、その場所はかつて地表面だったと推定されました。

約 3000 年前、海岸地域に繁茂していた杉の原生林が、片貝川の氾濫による土砂の流失で埋没し、その後の海面上昇で、現在のように海面下になったのです。発見された樹木の多くはスギで、大小およそ 200 株ほどです。最大の木は直径 4 メートル、周囲 12 メートルもあります。現在は魚津埋没林博物館に保存、展示されています。

魚津市は国内でもっとも多く蜃気楼の現れる町としても知られています。富山湾沿いに、東の黒部や西の富山、さらに富山湾をはさんだ対岸の能登半島などの景色が海上に浮き上がるように現れるのです。日本海に突き出た能登半島北部の海岸は岩石海岸ですが、その両側の富山県や金沢平野の海岸は砂質海岸です。この付近も浸食が心配されている海岸です。

能登半島西側の付け根に広がる千里浜(ちりはま)海岸は車やバイクの走行が許されている世界でも珍しい海岸です。全長約8キロメートルの砂浜は、海流や海風によって細かくなった土砂が堆積し、地下水と混ざり強い湿り気をおび舗装道路のように固くなっています。「千里浜なぎさのドライブウェイ」とよばれる区間の長さはおよそ6キロメートル、観光バスも走行しています。しかし21世紀に入る前後から年間1メートルほどのペースで砂浜が浸食され、約20年間で砂浜が30%ほど狭くなっています。その原因は日本列島のどの砂浜でも問題になっている、周辺の河川でダム建設や護岸工事が進み砂の供給量が減ったこと、また温暖化による海面の上昇や高波の発生割合が増えて、浸食が進んでいる結果とされています。

福井県の東尋坊から若狭湾を挟んで丹後半島、さらには鳥取県にいたる岩石海岸についてはすでに3.7節で詳述しました。若狭湾と敦賀湾(つるがわん)に挟まれた海岸には三つの原子力発電所が建設されています。

丹後半島南部には日本三景の一つ「天橋立」(**写真 8.5-2**)が位置しています。京都市宮津市の宮津湾とその西側の阿蘇海を砂嘴が南北に隔てています。砂嘴がほとんど両岸に接続していますので砂州ともよばれています。したがって阿蘇海は海跡湖です。丹後半島東側の河川から流れ出た砂が、沿岸流で南下し、東向きの流れとぶつかり、海中に堆積して砂嘴が形成されたと考えられています。幅は20～170メートル、長さ3.6キロメートルの砂浜におよそ5000本の松が茂っています。

北側の天橋立ケーブルカー・リフトの終点天橋立傘松公園は、股のぞき発祥の地といわれており「昇龍観」とも称せられています。砂州に並ぶ松並木を龍に例え、それが天に昇る姿に見えるからと股のぞきが始まったといわれています。また、股のぞきなら天地が逆転して、砂州の松が天にかかる橋のように見えるので「天橋立」とよんだともいわれます。

天橋立の北およそ15キロメートルの伊根町には、約230軒の「伊根の舟屋」が並び、観光客の人気スポットになっています。伊根の舟屋とよばれる建物は、海にせり出すように建てられた家です。1階は船の格納庫、2階が住居の舟屋とよばれる建物が海に面して並び、海の上から眺めると独特な景観をつくり出しています。

鳥取砂丘（**写真8.5-3**）は鳥取市の海岸に広がる砂礫地で、代表的な海岸砂丘です。東西16キロメートル、南北2.4キロメートルで観光可能な砂丘としては日本最大です。ここでも70年間に35メートルの砂浜が削られたとの報告がなされています。砂丘の入り口近くに建設されている「鳥取砂丘 砂の美術館」は、毎年テーマを変えて砂像の展示を行っています。作像は世界から集められたアーティストたちが、1か月かけて行っています。

神話の白兎海岸も砂質海岸で、その西には海岸線に平行して北条砂丘があります。東郷池も海跡湖です。湖畔のはわい温泉では、湖の底から湧き出る温泉を利用して湖の中に露天風呂が作られています（128ページ）。

島根半島北側の海岸も岩石海岸です。海上からは波食による数多くの奇岩や景観が楽しめます。半島西端には出雲大社が鎮座しますが、付近一帯もまた神話の舞台です。

石見銀山遺跡の近くの琴ヶ浜は鳴き砂の浜として知られています。「鳴き砂のある浜」は日本列島の砂質海岸にはところどころにあります。「鳴き砂」または「鳴り砂」あるいは「泣き砂」などの表現があります。石英粒を多く含んだ砂が、急激な砂の層の動きで表面の摩擦によって音を発する現象と考えられていますが、まだそのメカニズムは完全には解明されていません。海浜の汚染により、鳴き砂の浜は減少傾向にあるようです。

山口県の日本海側の海岸も岩石海岸が発達し、絶壁が並び、潮が吹き上がるなど、奇観が楽しめます。

日本海側の海岸地形は、青森県の深浦、秋田県の象潟、丹後半島（北丹後地震、1927、M 7.5）、浜田など、多くの場所で地震の影響が表れていることに、改めて気づかされました。

8.6　石見畳ヶ浦

写真 8.6-1　地震直前は歩いて行けた浜田・鶴島（当時の絵葉書より）

島根県西部の浜田市付近の海岸では、地震発生の前に潮が引いた、つまり海岸が隆起していたことで、1960 年代には地震予知の可能性の一つとして、多くの地震研究者の注目を浴びていた海岸です（**写真 8.6-1**）。そして地震の結果、隆起して現れたのが浜田市から北東 5 キロメートルの「畳ヶ浦」（**写真 8.6-2**）とよばれる、海食台です。畳ヶ浦は千畳敷ともよばれ、その岩畳にはクジラを始め多くの海生動物の化石が含まれ、古い時代の地球の環境変化を伝えています。このように二つの意味で注目すべき海岸が畳ヶ浦です。

写真 8.6-2　満潮時の畳ヶ浦

浜田市の海岸は1872年3月14日の「浜田地震」(M 7.1) では、地震前に数メートルの退潮が認められたことで有名です。地震発生から30年が過ぎていましたが、1892年に発足した文部省の震災予防調査会に、その調査報告が掲載されています。当時の東京大学理学部地震学教室の助教授・今村明恒による現地調査の報告です。

浜田浦にあった鶴島まで歩いて行け、そこでアワビをとることができたといいます。島は海岸よりおよそ140尺(約400メートル) 沖合にあり、付近の水深は約10尺 (3メートル) でしたが、磯岩の根元まで露出して、歩いて渡れたのです (**写真 8.6-1**)。このように退潮 (潮が引く)、つまり陸地の隆起が認められたのは、浜田浦の南西端の長浜や、北東約50キロメートルの現在の太田市五十猛(いそだけ)までで、地震発生の数分前に2~3尺 (およそ60~90センチメートル)から7~8尺(2~2.5メートル)も海面が低くなったことが認められていました。しかし、浜田浦から南西方向の海岸では退潮は認められていません。

人々が退潮に気がつき、アワビなどをとり始めた数分後、地震が発生しました。浜田から北東に5キロメートルほど離れた畳ヶ浦では地震後に1メートル以上の地盤の隆起が認められ、海食台が現れました。またその西側の鶴島と畳ケ浦の間およそ5キロメートルの海岸では数十センチの沈降があり、狭い範囲で地盤の隆起と沈降が起こった場所として知られています。なお鶴島は40年ほど前に、浜田港の整備のため爆破され、除去されたとのことです。現在はその存在した場所すらわかる人は少なくなっています。

このときの地震の断層は海岸線ぎりぎりのところを通ったようです。断層の長さは少なくとも50~60キロメートルでしょう。とにかく地震の前に退潮 (地盤の隆起) が確実に認められているのは、この浜田地震だけです。調査した今村明恒はこのような地殻の変動によって地震は起こされるという強い信念を持ち、その後の研究を続けていました。多分、浜田地震の調査での印象が強かったのではないかと私は想像しています。

畳ヶ浦に現れた海食台の背後には高さ25メートルの海食崖がありその前面に4万9000平方メートルの海食台が出現したのです (**写真 8.6-3**)。海食崖の断面には砂岩層と礫岩層が明瞭に表れています。海食台はおよそ

1600 万年前に海底に堆積した地層が形成しており、日本列島形成前後から日本海が拡大した頃のこの地域の環境の変化が記録されています。平坦な地形は海底で形成され、それが隆起したことを示しています。この時代は日本でも亜熱帯性の気候でした。畳ヶ浦の海食台に残る化石の多くが、南方系でそのことを示しています。

ノジュール（岩塊）とよばれる貝殻の炭酸カルシウムの働きでコンクリートのような固まった丸みを帯びた石が並んでいます（**写真 8.6-2**、**写真 8.6-6**）。

貝やスゴカイなど多くの海生動物の化石も見られます。ハート型の貝化石は幸運をもたらすと、特に人気があるようです（**写真 8.6-4**、**写真 8.6-5**）。

当時の流木が化石となって残っています。クジラの化石も見られます。海岸の岩畳にクジラの化石があるのは、日本列島でほかにもあるのかどうか私は知りませんが、大変珍しいと思います。

このように地震で隆起した海食台ですが、その中に非常に多種多様な化石が含まれていること、砂岩層の中に貫入したマグマの岩脈が見られること、縦横に走る節理が見られることなど、畳ヶ浦は大変多くの地球上の環境や生物相の変化を示す情報を含んだ海食台なのです。地球の形成史を知ることのできる巨大標本です。地元が大切に保存しようとしているのが、嬉しいです（**写真 8.6-7**）。

満潮時にはそこには海蝕台の上に多くの潮だまりが出現します。光線の具合によっては、自分のジャンプした姿が上下逆になって潮だまりの水面に映る姿を一枚の写真に写すこともできます。地元のパンフレットには「島根のウユニ塩湖」などと宣伝していますが、何も外国の地名を出さなくても「石見畳ヶ浦の対称写真」「畳ヶ浦のジャンプ写真」とでもすれば、十分にそのよさは伝わるでしょう。それが石見畳ヶ浦です。

写真 8.6-3　**海食崖の断面**
上部は砂岩層。下部は礫岩層

写真 8.6-4　**ハート形の貝化石**

写真 8.6-5　**海生動物の化石**

写真 8.6-6　**ノジュールが並ぶ**

写真 8.6-7　**満潮時の畳が裏**　馬の背と呼ばれる岩、その手前に断層が走る

JAPANESE
ARCHIPELAGO

第9章

自然崇拝と信仰

天孫降臨の伝説の地・高千穂峰山頂の天逆鉾(あまのさかほこ)

9.1 自然崇拝

私たち日本人は「初日の出」と称して元旦の日の出を見ることを好みます。大みそかになるとメディアは一斉に日本各地の日の出時刻を報じ、天気が予測されます。海岸など近くの見通しのよいところまで行き日の出を待ちます。空が朱に染まり、その赤さが極限に達した頃、太陽が顔を出し、周囲は急に明るさを増します。人々は静かな歓声を上げ、多くの人が自然に手を合わせます。初日の出は見るのではなく拝むのです。

高い山に登ったときも、人々は日の出を見るのを好みます。山での日の出は「御来光」とよばれ、やはり太陽が顔を出すと、歓声とともに自然に手を合わせる人が少なくありません。自分自身の行動を考えても、この初日の出やご来光のときに手を合わせる祈りは、正月の初詣とは異なります。初詣は一年の無事息災など願い事が含まれることが多いと思いますが、初日の出やご来光は、ただ太陽というよりも太陽に象徴される自然への祈りなのです。何も見返りを期待しない、敬虔な祈りといえるのではないでしょうか。

日本列島に人が住み始めたのは、おそらく最後の氷河時代に入って、海面低下が始まり、朝鮮半島を経て大陸から日本列島へ渡って来られるようになってからでしょう。10万年前頃からではないでしょうか。日本に残る石器時代の年代が決められた最古の遺跡は長野県野尻湖付近にあり、5万年前頃です。ただし「この遺跡自体が人類遺跡かどうか慎重な見方もある」（理科年表）と注意書きがあります。しかし、石器を使ったかどうかは別にして、日本人の祖先は日本列島に定住を始めていたでしょう。2万～3万年前の遺跡となると、本州から九州まで広く分布しており、北海道で発見されている最古の遺跡は1万5000年前頃です。

縄文時代に入ると土器が使われだし、1万～1万2000年前には日本列島でもあちらこちらで使われていたようです。稲作を中心にした農業が行われるようになった縄文時代後半～弥生時代になると、発見される遺跡の数も増え、次第にその生活様式も明らかにされてきました。2021年5月には「日本最大級の縄文集落跡」とされる青森県の「三内丸山遺跡」を含む「北海道・北東北の縄文遺跡群」の合計17の遺跡が、ユネスコの諮問機関より世界文化遺産への「記載」が適当との勧告がなされたとニュースでも取り上げられ、7月の世界遺産委員会で正式に世界文化遺産に登録されました。

農耕民族にとっては気候変化には特に敏感にならざるを得なかったでしょう。日本人の祖先は現代の我々と同じように、毎年襲来する台風におびえ、地震を恐れ、火山の噴火に驚くような生活をくり返していたのです。必然的にそのようなことがないように祈ったことでしょう（**写真 9.1-1**）。何に祈ったのでしょうか。その祈りの対象となったのが自然界の代表ともいえる太陽ではなかったかと考えるのです。日本人にとって太陽こそ自然発生的な気持ちで祈る対象になったのでしょう。たぶん神という概念が入ってくるのはずっと後になってでしょう。

60年ほど前、初めて北海道白老のアイヌコタンを訪れたときのことです。アイヌの酋長から聞いた話が印象的でした。アイヌの人たちは「自然あるいは森羅万象すべてに神が宿ると考えます。仕留めた熊にも、獲った鮭にも神様がいます。だからこのように祀り拝むのです」といわれ、庭の片隅に並べた棒の先にある熊の頭蓋骨を示されました。熊のおかげ、鮭のおかげで自分たちは生きていけるのだという、自然への感謝の念が伝わってきました。

日本人は自然崇拝の気持ちを、その生活環境の中で自然発生的に身につけたのだと思います。自然崇拝の象徴が太陽で、素朴な信仰心があったのかもしれませんが、とにかく平穏に暮らしたいという願いからだったのです。平穏無事を祈った自然崇拝が神道という宗教に発展したのは、「やまと」という国、つまり日本が一つの国になりつつある頃からです。それは宗教によって国を治める目的があったからでしょう。

仏教が日本に伝来したのは538年とされています。聖徳太子が人々に仏教をどのように広めたかは定かではありませんが、素直に受け入れられたのは自然崇拝の気持ちが根底にあったからでしょう。仏教でもまた自然の中での祈りがありました。（**写真 9.2-2、写真 9.2-3**）

エルサレム付近で起こったユダヤ教、キリスト教、イスラム教が、2000年の時を経ても反発を続けているのとは大きな違いです。

温暖な気候の日本に自然発生的に生じたのが神道だと私は考えています。神道で「御神体」とされる数々の鐘は、まさに太陽を象徴しているのでしょう。

写真 9.1-1　**1986 年伊豆大島の溶岩噴泉**　火山噴火は自然を恐る一つの典型

写真 9.2-2　**青森県恐山の三途川**

写真 9.2-3　**三途川の脇に立つ奪衣婆と懸衣翁の像**

9.2 天孫降臨

日本民族は自分たちの周辺で起こったことを、口伝えの形で子々孫々に伝えてきました。文字がなかった時代ですから、記録が残される手段は口伝えだけでした。この口伝の歴史を覚えて語り伝えることを誦習とよびます。弥生時代の末には中国との交流も始まり、中国の『魏志倭人伝』には卑弥呼の記述も出てきました。538年には仏教が百済からもたらされました。当然日本でも文字が使われ出し、その読み書きができる人が増えてきていました。

7世紀後半には天武天皇が命令を発し、稗田阿礼が誦習していた朝廷の記録をまとめた『帝紀』や『旧辞』などを、太安万侶が書き起こして、712年に元明天皇に献上したのが『古事記』で、現存する日本最古の歴史書とされています。『古事記』は神代から推古天皇までの記事を収め、神話、伝説など天皇を中心とする日本統一の由来が語られています。

『古事記』に続きできた歴史書が『日本書紀』で、「正史」とされています。神代から持統天皇までの朝廷に伝わった神話、伝説、記録などが網羅され、

写真 9.2-1　**霧島山系高千穂峰山頂にある天逆鉾**　扉写真の反対（北）側から撮影

720年に舎人親王などによりまとめられました。

『古事記』と『日本書紀』は「記紀」とまとめてよばれますが、その両方に出てくるのが天孫降臨の話です。天空の世界・高天原を支配していたアマテラス（天照大御神）は孫のニニギノミコトを平定したばかりの地上に降ろし、「豊葦原（とよあしはら）の瑞穂（みずほ）の国」を治めさせることにしました。アマテラスの神勅を受けたニニギノミコトは多くの家来を従え、三種の神器を持ち、高天原の御座を離れ、八重にたなびく天の雲を押し分け、威風堂々と道を分けて天の浮橋にお立ちになり、筑紫の日向の高千穂のくしふるだけに天降られたのでした。

『古事記』のこの項は、読んでいて楽しくいろいろな想像を掻き立ててくれます。神話だからただの「空想」、「絵空事」と片づけず、「日本にはそんな伝説があるのだから、そんな出来事があったに違いない、その場所はどこか」と考えたいのです。

「くしふるだけ」の記述が霧島山系の高千穂峰を指す強い証拠はなさそうですが、研究者の多くが、それを高千穂峰と比定しています。それは高千穂峰の頂上に「天逆鉾（あまのさかほこ）」（**写真 9.2-1**）があるからのようです。天逆鉾の由来も明らかではなさそうなので、神話は神話として私は想像たくましく、当時の姿を考えることにしています。

宮崎県にはもう一つ高千穂があります。高千穂峰から北北東へ90キロメートルの現在の高千穂町です。そこには高千穂神社があり神話の高千穂夜神楽まつりは800年以上の歴史があり、昔話を現代に伝えています。また天岩戸（あまのいわと）神社があり、その境内には天の岩戸と称する洞窟も残されています。天の岩戸は高天原ですから天孫降臨の地としては話がおかしくなりますが、それこそが神話の世界だから成り立つ話でしょう。

高千穂神社の夜神楽は面をつけて踊りますが、高千穂峰東麓の狭野（さの）神社の神楽は剣を持って舞います。「狭野神社付近は神武天皇御降誕の地であり、お育ちになった地」とも伝えられています。

9.3 国引き

『出雲風土記』は713年に朝廷からの命により編纂され、733年完成し、出雲国の風土、物産、伝承などを述べています。記紀には見られない神話も含まれており、その一つが「国引き神話」です。第二次世界大戦末期に小学校（当時は国民学校と称された）に入学した私は、

「国来い　国来い　エンヤラヤ　神様綱引き　お国引き」

という歌詞とともに75年以上も過ぎた現在でも歌うことができます。「当時の（軍国）教育の恐ろしさ」とでもいえるでしょう。

それはともかく、神話では日本が狭いので朝鮮半島（新羅の一部）に綱をかけ引き寄せたというのです。地元ではその引き寄せられたのが隠岐の島という説や島根半島という説もあるようです。

私は長じて地球に関する学問を勉強するようになり、この神話は実話に基づいていると考えるようになりました。

島根半島（**写真9.3-1**）は東西65キロメートル、南北幅5～20キロメートル、標高が250～500メートルの本州に平行に並ぶ半島です。本州との間には西から出雲平野、宍道湖、中海が並び、美保湾から日本海へとつながり、「宍道地溝帯（しんじちこうたい）」とよばれ、構造的には大きな窪地となっています。本州側の中国山地から北側の海岸に面する平地は全体に狭いですが、その狭い平地が地溝帯を介して島根半島の西側に続いています。

上空から見る島根半島はまさに島です。その間に低地が続き、本州と接しています。やや切り立った島根半島の周辺部に対し、地溝帯は本州側からの土砂の堆積により、一部が埋まって陸続きになったことがすぐ理解できます。

重力分布図を見るとその様子はよりはっきりしてきます。島根半島は完全に一つの独立した地塊で、本州側はそれ以上の大きな地塊になります。出雲平野を含む地溝帯は両側に比べて質量の小さい深い谷の様相を呈しているのです。縄文時代には、出雲平野は現在ほど発達していなかったでしょう。また海水面は現在よりは最大20メートルぐらい高い時代がありました。した

写真 9.3-1　鳥取県弓ヶ浜より見た島根半島東部

がってある時代の縄文人にとっては、島根半島は完全に島だったのです。その後海水面の低下、出雲平野の発達などで現在の地形になりました。しかし、島根半島が島だった事実は語り継がれ、それがいつしか国引き神話になっていったのだと推定しています。鳥取県の大山（1729 メートル：**写真 9.3-3**）は１万数千年前に噴火活動は終了した火山ですが、その山容から「伯耆富士」とよばれています。大山は国引き神話では火神岳として、島を曳く綱をかけた杭の一つとして登場しています。

大山から西へおよそ 100 キロメートル離れ、島根県のほぼ中央、出雲と岩見の国境に位置する三瓶山（1126 メートル：**写真 9.3-4**）は、噴火の記録はありませんが、活火山です。この三瓶山が、国引きで綱をかけたもう一つの杭、佐比売山に比定されています。何とも壮大な国引き神話です。

写真 9.3-2　出雲大社の大鳥居

写真 9.3-3 「伯耆富士」大山

出雲大社は出雲平野中央の北端、島根半島を背に位置しています（**写真 9.3-2**）。縄文時代にはまだ海あるいは渚だった場所と思われますが、弥生時代になって巨大な拝殿が建造されたのでしょう。当時は干潟だったかもしれません。縄文人にとっては海の幸を得られるよい場所だったのではないでしょうか。付近の半島周辺には遺跡や古墳が点在しています。

また日本海へ流れ込む神戸川とともに、出雲平野の土砂を運び、現在は宍道湖を涵養している斐伊川は、歴史上たびたび水害を起こす暴れ川でした。ヤマタノオロチ伝説はこの自然災害を擬人化したとの説もあります。出雲地方は人間と自然の接点を表す大変興味ある空間といえるでしょう。

なお 2020 年 12 月に松江市を訪れたとき、島根半島が島だった時代の地図を撮った写真を見ました。地図にある文字は理解できませんでしたが、島根半島の出現は歴史時代になってからかもしれません。今後の研究に期待します。

写真 9.3-4　三瓶山

9.4　山は信仰の対象

富士山が高い山であることは石器時代の人たちもわかっていたことでしょう。しかし、美しい山であったか、火を噴く恐ろしい山であったかは時代、時代によって異なるでしょう。噴火活動が激しい時代に富士を見続けた人たちは、富士山は荒ぶる恐ろしい山でしたから、畏れ、敬ったことでしょう。なんとか早く火を噴くのをやめてくれと願ったのではないでしょうか。

火山活動がない時代の人々にとっての富士山は、美しく親しみを感ずる山でした（**写真 9.4-1**）。特に縄文時代には田子の浦は、現在よりははるかに内陸にまで延びていましたから、海と山の対比は迫力があったでしょう。

火を噴いているときも、静かなときも、富士山は見ている人々の心に強く焼き付き、「偉大なる富士」「崇高な富士」と崇め奉られるようになり、信じられる山になり宗教へと発展していきました。

奈良時代では富士山は高く美しい山でした。

『天地の　分かれし時ゆ　神さびて　高く貴き
駿河なる　不尽の高嶺を　天の原　（以下略）』

と歌い出した山部赤人（やまべのあかひと）の時代には、富士山はすでに十分に信仰の対象だったのです（不尽＝富士山）。

戦乱が続いた室町時代には平定を願い、富士講が組織化され、先達に連れられた人々が頂上を目指しました。江戸時代になると富士講はますます隆盛になりました。泰平の世になり信仰のための登山も、観光的な気分も入りレクリエーション化してきました。江戸時代後期になると江戸市中には 400 余りの講が組織され、７万人の信者がいました。富士山に登れない人や女性のためには、江戸市内のあちこちに富士塚がつくられました。高さが 10 メートル足らずの小丘ですが１合目から２合目、３合目と頂上まで設けられ人々は気軽に登り、拝み、心の平安を得ていたのです。特別なときを除き富士山は女人禁制でした。御山が開かれる夏の２か月間、全国各地から富士山に登りに来る人は数万人に達しました。

富士講の登山者（信者）は山麓では、講中登山の勧誘・案内に当たる御師の属する坊に泊まり、白装束に金剛杖を持って頂上を目指していました。その姿はやはり信仰であり、一つの修行であり、そして人生の気分転換のレクリエーションでした。

1828年、富士山の高さが初めて測量され3794.5メートルの値が得られました。現在の高さとは18.5メートルの違いしかなく、測量法もない時代の測定としては極めて精度の高い測量が行われました。しかし、富士山が「日本一高く美しい山」となるのは明治時代になって、日本全土での測量が進み、地形図が発行されてからです。

富士山信仰から富士の山を鎮める目的で、富士山を神格化した浅間大神（別称：浅間神）と、記紀神話に現れる木花之佐久夜毘売命を浅間大神として祀る神社があり、これらを祀る神社は浅間神社とよばれ、その数は全国に1300余社にも及びます。その中でも「富士山本宮浅間大社」（**写真9.4-2**）は全国にある浅間神社の総本宮とされ、上述した木花之佐久夜毘売命を浅間大神の主祭神として祀られています。富士山は800～802年に火山噴火が起こり、当時の幹道の足柄路が降灰で埋没し箱根路が開かれました。これを契機に806（大同元）年に坂上田村麻呂によって、富士山本宮浅間大社が築かれ、富士山そのものがご神体として、今もなお信仰の対象になっています。

立山（**写真4.2-1**）は平安時代より修験の霊場でした。江戸時代に入ると武士も農民も極楽往生を願って、立山に詣でるようになりました。夏、全国各地からやってきた立山参拝者たちは、山麓の岩峅寺や芦峅寺にある宿坊に泊まりました。芦峅寺には33軒の宿坊があったといわれます。

立山参拝に参加するのを決めるのはその前の年の秋で、収穫が済んだ頃になると衆徒が信者のいる村々を回り布教活動をしました。彼らは各村で多くの村人を相手に「立山曼荼羅」（**図11**）の絵解きをしました。立山を見たこともない人たちに対してわかりやすく説明するのに、立山曼荼羅を用いたのです。そこには仏教が存在しています。色彩豊かに地獄と浄土が対照的に、派手に描かれた立山曼荼羅は、布教活動にはわかりやすい、とてもよい教材だったでしょう。

写真 9.4-1　**現代の日本人は富士山頂から立ち昇る噴煙は見ていない**

写真 9.4-2　**富士山本宮浅間大社**（静岡県富士宮市）

立山曼荼羅の画面左側には剱岳が恐ろしい針の山として存在し、雄山など立山連峰の峰付近には飛天が描かれ、安寧を表しています。立山を開山したとされる越中守・佐伯有若（さえきのありわか）の一人息子の佐伯有頼（ありより）（のちの慈興上人）の伝説「立山開山」が、色彩豊かに描かれています。その概略は以下の通りです。

図 11　「立山曼荼羅」善道坊本（富山県立山博物館蔵、国指定重要有形民俗文化財）

「父が大切にしていた白鷹が逃げ、有頼がそれを探しているときに熊が突然あらわれ、白鷹が再び飛び立つ。驚いた有頼が熊に矢を放つと、熊は矢が刺さったまま血を流しながら山中に逃げていく。「玉殿の岩屋」に追い詰めた有頼が中の様子をうかがうと黄金に輝く阿弥陀如来が立っておられ、胸には矢が刺さり血が流れていた。そこで阿弥陀如来が熊の姿で自身を導き、白鷹は不動明王であることをを知り、立山を開いた」

立山曼荼羅の画面の中央には地獄が強調されています。火の車を曳く鬼、罪人を裁く閻魔大王、苦悩する罪人も描かれています。地獄谷や弥陀ヶ原など立山山中にある「立山地獄」を描いたものです。衆徒たちは、この絵のような地獄から救済されるためには、仏道が必要であると説きました。立山に登拝すれば、解脱の世界に達し、来世は極楽浄土に行けると多くの人たちが信じ、立山行きを願ったのでした。立山曼荼羅には立山山上を浄土の世界として描いています。

念願かなってようやく立山参拝のために山麓にやってきた人々は、早朝、暗いうちに宿坊を出発し、頂上の立山権現御本社（現：雄山神社峰本社）を目指しました。神の心を人に伝え、人の願いを神に伝える「中語」が山を案内しました。参拝者たちは立山曼荼羅に描かれた世界に入り、その有様を目の当たりにし、おそらくは、大満足をして、それぞれの故郷に帰るのでした。

立山もまた女人禁制の山でしたが、登らずとも「浄土往生」の願いをかなえる儀式が用意されています。「布橋灌頂会（ぬのばしかんじょうえ）」とよばれる儀式で、秋の彼岸の中日に、芦峅寺で行われていました。

加賀の白山と称せられる白山は、実際には石川県と岐阜県の県境に位置し、富士山、立山とともに三霊山、別名「越白嶺（こしのしらね）」として、人々の信仰の対象でした。白山は717（養老元）年に、越前の泰澄大師（たいちょうだいし）によって開山されたといわれています。修験道の高まりにより、多くの修行僧が登るようになりました。

白山信仰は山そのものがご神体とみなされ、「命の水」を与えてくれる山々の神々の座でした。また海上からも見え、航海の目印になり、海の神も鎮座していると考えられていました。山頂付近には白山比咩神社奥宮（しらやまひめじんじゃおくみや）が鎮座しますが、明治時代の神仏分離令によって、白山は神の山になりました。このため山中にあった多くの仏像は山からおろされ、石仏は破壊されました。

木曽の御嶽山（おんたけさん）もまた信仰の山として知られています。御嶽山の信仰登山の歴史は奈良時代までさかのぼりますが、広く一般の人々にまで開かれたのは江戸時代になってからでした。登山道が開かれると御嶽講は全国に広がっていきました。現在でも講中登山の組織が残り、戒律が守られ、風俗が伝えられています。夏には白装束に身を包んだ御嶽講の人々は「六根清浄（ろっこんしょうじょう）」を唱えながら登り、山頂の御嶽神社に参拝しています。

山形県の出羽三山（でわさんざん）（月山（がっさん）、湯殿山（ゆどのさん）、羽黒山（はぐろさん））も山岳修験の霊山です。周辺の寺々には即身仏（そくしんぶつ）が祀られています。

9.5　山は修行の場

ギリシャ東部のエーゲ海に突き出た岬にアトス山（2033 メートル）があります。この地は 10 世紀から数多くの修道院が建てられ、現在でも女人禁制で、修道士たちが修行を続けています。本当かどうか知りませんが、女人禁制は徹底していて、動物もメスは入れない、したがって、人間はもちろん動物の子ども生まれないところだそうです。

私がこの場所に興味を持ったのは、宗教の修行には邪魔が少ない、あるいは心が乱されにくい山岳地帯が適しているのだということです。日本でも修行僧や神道に身を置く人たちが山で修行した話はよく伝わっています。深山幽谷の地は身も心も浄化してくれるのかもしれません。

紀伊半島の南部、熊野本宮付近から北端の吉野山まで、紀伊山地を横断するように延びる大峯山系は、総延長 170 キロメートルにも及びます。2004 年には「紀伊山地の霊場と参詣道」として世界遺産にも登録されました。この大峯山は 7 世紀後半に、山伏の宗教・修験道の祖・役行者が開山したといわれ、修験道の根本道場になっています。

役行者の正式名は加茂役君小角（かものえだちのきみおづぬ）とよび、役小角（えんのおづぬ）と書かれていることも多いです。役行者は大阪と奈良の境の金剛・葛城の麓、葛城地方の豪族・加茂一族の出とされています。舒明（じょめい）天皇（629 ～ 641）の頃に生まれました。子どもの頃から超人的な逸話が残されています。

役行者は大峯山系の山上ヶ岳で修験道の本尊・金剛蔵王権現を悟り知ったようです。それ以来、大峯山は「金峰山（きんぷさん）」とよばれ、修験道の聖地とよばれるようになりました。大峯山系の中間あたりに位置するのが仏生ヶ岳（ぶっしょうがたけ）で、修験道ではここを境に、北の吉野側を金剛界曼荼羅、南の熊野側を胎蔵界曼荼羅と唱えます。山伏たちはこの山系の主稜線につけられた大峯奥駈道を「懺愧（ざんき）、懺悔（ざんげ）、六根清浄（ろっこんしょうじょう）」と山中に響き渡る声で唱えながら山道をたどり、七十五靡（しちじゅうごなびき）とよばれる各行場で、祈り、行を行います。この長い山並みを踏破することで、自然と対峙し、自分自身を磨き、再生させるのです。

役行者は『日本書紀』に続く正史の『続日本紀』に初めて登場します。699（文武 3）年 5 月 24 日に役行者を伊豆大島に配流したことが書かれています。呪術を使い人を惑わしたとして、捕らえられ、遠島になったのです。遠島になった後は、夜な夜な富士山まで飛んで行って、修行したといいます。富士山本宮浅間大社（ふじさんほんぐうせんげんたいしゃ）には富士山に最初に登った人は役行者との記録がありますが、どうも年代が合いません。それはともかく、役行者の行動力は人間離れしていたのでしょう。そんな呪術を使える人が、やすやすと捕らえられたのが、歴史の面白いところです。

役行者は罪を許され故郷の葛城に戻り、701（大宝元）年に箕面においていずこともなく飛び去ったので、居合わせた人々は嘆き悲しんだといいます。

平安時代初期に、日本の天台宗の開祖である伝教大師・最澄（767～822）は近江に生まれ、785（延暦 4）年 4 月、奈良東大寺で授戒後、7 月には比叡山に入り草庵を結びました。僧侶の資格を得たばかりの青年僧が山林修行に身を投じたのです。788（延暦 7）年、法華一乗思想の中心にすべく、根本中堂の前身となる一乗止観院を建立し、延暦寺が開創されました。

最澄の思想の根源は法華経を根本経典とする天台の教えでした。天台教学をより深く学ぶため、804（延暦 23）年に入唐を果たしました。唐の天台山で天台教学を学び、大乗戒を受け、翌年帰国しました。私はこの最澄も、また空海も異国での短い滞在で仏教の奥義を極めたと認められたことに驚きます。彼らの才能は傑出していたのです。最澄が学んだ中には、密教も禅も含まれていました。

写真 9.5-1　福井県永平寺境内

「四宗相承（ししゅうそうじょう）」は日本天台宗の特質ですが、最澄は円（天台）・蜜・禅・戒の教えを総合的に伝えました。比叡山は「日本仏教の母山」とよばれ、法然、親鸞、栄西、道元、日蓮などが学び、独自の思想を築き上げ、各宗の祖師となっていきました。

弘法大師・空海（774 ～ 835）は讃岐の生まれで仏門に入った後は四国で修行し、最澄と同じ 804 年に入唐し、長安の青龍寺で恵果に学び、短期間で奥義を極め 806 年に帰国しました。816（弘仁 7）年、空海は自分の入定地として高野山を選び、下賜を受け真言宗の総本山金剛峯寺を創建しました。高野山は和歌山県北東部にある 1000 メートル級の山が並び、大峯山の西 30 キロメートルに位置し、真言宗の霊地です。奥の院は空海自らが入定し、現在も大切に守られています。若き最澄が開いた延暦寺に対し、円熟した晩年の空海が開いた高野山金剛峯寺は対照的ですが、ともに深山幽谷の地でした。空海は日本三筆の一人ですが、最澄に宛てた手紙の一つは、もっとも美しい字として国宝になっています。

承陽大師・道元（1200 ～ 1253）は曹洞宗の開祖です。比叡山延暦寺で学び、栄西に師事し、1223（貞応 2）年に入宋しました。中国では各地に高僧を訪ね研鑽を積み、最終的には如浄より法を受け、1227 年に帰朝しました。その後、京都深草の興聖寺を開いて法を広めました。1244 年に越前の山の中に曹洞禅の専修道場を開き、永平寺としました。永平寺もまた高い山ではありませんが、人里離れた山の中に建てられました。

延暦寺、金剛峯寺、永平寺、どの寺も人里からは離れた幽谷の地です。

写真 9.5-2
永平寺の中雀門から仏殿を望む

9.6 開 山

木曽駒ヶ岳神社関係に奉職していた神職の方の話です。明治時代、そば粉だけを携帯して木曽駒ヶ岳の山中に籠り、何日も頂上で祈り、岩陰で瞑想して修行をしたそうです。食事はそば粉を水で練った物だけで、１週間～10日を過ごしたそうです。おそらく飛鳥時代から、そのような修行は行われていたのでしょう。そして多くの名もなき行者たちが選んだ修行の地は、高い山だったのです。

そのよい例が剱岳です。明治時代になって登山技術を持った人が、何回もの挑戦の末頂上に達すると、そこに見たのは奈良時代の錫杖（しゃくじょう）の頭部と短剣さらには焚火の跡だったという事実です。どこにも書いた記録は残っていませんが、確かに先人が剱岳の頂上に足跡を印していたのです。

同じ事は天孫降臨の地、高千穂峰の天の逆鉾にもいえるでしょう。いつの世にか、誰が建てたのかもわかりませんが、天狗の面を彫った３メートルほどの金属製の鉾が山頂に建てられているのです。坂本龍馬が高千穂峰に登ったとき、「抜けば火が降る」と尻ごみする案内人を除けて、矛を抜きそのままにして帰ったと、姉宛ての手紙に記しています。現在では厳禁の行為ですが、抜かれた鉾は誰かが元に戻したのでしょう。現在も建っているのです（**第９章扉、写真 9.2-1**）。

愛媛県の石鎚山は、西行法師が「伊予の高嶺」と詠むほど古くから知られた名山です。奈良時代に役行者が開山して以来、修験道の山として栄えました。山頂には石土毘古命（いわつちひこのみこと）を祀る石鎚神社があり山そのものがご神体です。若き日の空海もこの山で修行したことが知られています。宗教、宗派に関係なくその自然環境が修行の場だったのです。江戸時代に入ると石鎚講が誕生し、一般庶民の登拝も盛んになりました。神道にとっても、仏教にとっても完全に祈りの場になっている山です。

徳島・高知県境の剣山も平安時代から信仰登山が行われていたのでしょう。山頂には大剣（おおつるぎ）神社を祀ります。そのご神体は御塔（おとう）石とよばれる岩塔で、その基部からは「剣山御神（おしき）水」が湧いています。源平の最後の戦いで、壇ノ浦に身を投じた安徳天皇の御剣を頂上の宝蔵石の下に収めたことから「剣山」とよばれるようになったと伝えられています。

日本の高山、名山の多くは、その最初の登頂者が誰かという記録はほとんど残っていません。万民の山として、祈り、修行をしたい人が、訪れて、次第に開かれていったのです。そんな中で、北アルプスの槍ヶ岳は、その初登頂の記録が残っています。逆にいえば、槍ヶ岳（**写真 4.2-5**）はそれだけ近づき難い山だったのです。

槍の穂先に初めて立ったのは浄土宗の僧侶・播隆（ばんりゅう）（1786 ～ 1840：**写真 9.6-1**）でした。JR 松本駅前広場にその像は建っていますが、1828（文政 11）年 8 月 30 日のことでした。播隆は越中国河内村で 1786（天明 6）年に生まれました。19 歳の時に出家し、10 年後に京・大阪などを経て江戸で浄土宗の僧籍を得ました。念仏僧として遍歴を重ねながら、村々を托鉢しながら念仏三昧に勤めました。その過程で寺院や僧侶の腐敗や堕落を見て、生涯、寺に入ることはせず念仏専修の道を選び、自らは修行のために厳しい山籠もりの生活をくり返していました。

山籠もりでは、山中に探した岩窟にこもり、同じ岩窟へ何度も足を運びました。岩窟に籠るときは、季節を問わず、木綿の単衣に袈裟と衣を纏うだけでした。食べ物は米や麦は持参せず、山野の木の実や草の芽などだけを食べる、木食でした。火を使う調理は一切ありませんでした。もちろん殺生はしませんから、鳥獣、魚肉も一切口にしませんでした。そんな過酷な条件下で、長い期間念仏と瞑想だけの生活を続けたのです。

播隆の山籠もりの修行の様子は、近隣の村々にも伝わり、信奉する人々が増えてきました。滋賀県伊吹山の麓では、信奉者たちが草庵を建てて「播隆屋敷」とよび、ともに参篭するまでになりました。

播隆は 130 年前に飛騨の名峰・笠ヶ岳（**写真 4.2-7**）を再興した円空の行跡を慕い、飛騨に入りました。円空（1632 ～ 1695）は美濃に生まれた江戸前期の僧です。中部地方を中心に北海道から近畿にいたる各地を遍歴しました。各地に荒削りの木彫仏像を残しています。その仏像は円空仏と称され、現代でも珍重されています。もともと地元の人ですから、円空は笠ヶ岳へも登り、登山道を整備していたのです。

1823（文政 6）年 6 月、播隆は 2 年間修業した上宝村岩井戸（現：高山市）

の「杓子の岩窟」がある上宝から、笠ヶ岳の登拝に赴きました。そこで地元民が熱望していた、笠ヶ岳の登拝路の復興にとりかかりました。播隆は地元の人々の助力を得て、登山道を整備していきました。8月1日、ついに笠ヶ岳への登頂を果たし、登拝路が再興されたのです。

8月4日、播隆は村人18名とともに再び笠ヶ岳に登りました。そのとき奇跡が起こったとされています。一行が笠ヶ岳の山頂で東の霧のかかる槍ヶ岳・穂高岳連峰の岩稜に向かい念仏を唱えていると、そこに光背を背負った仏が出現しました。夕陽を背にした自分たちの姿が東側の霧に映ったブロッケン現象です。日本ではブロッケン現象を「御来迎（ごらいごう）」とよぶことが多いです。

播隆は天に伸びる尖塔の上に、自分たちの姿を拝んだのです。もちろん彼らは自分たちの姿としてでなく、仏の姿をご来迎で見たのです。その東の彼方に突き出た岩峰は槍ヶ岳で、その上から仏が招いていたのです。このとき播隆は槍ヶ岳開山を誓ったといわれています。翌8月5日にも、播隆は66人の村人とともに笠ヶ岳の頂上を目指し、登拝路の道標に石仏を、頂上には銅仏像を安置しました。

1826年、播隆は霊峰開山を目指して、活動を開始しました。当時、信州から飛騨に抜ける飛州街道が計画されており、1824年は上高地まで完成していました。播隆はその飛州街道の開通に尽力していた小倉村（現：安曇野市）の中田又重（またじゅう）に相談したのです。

播隆は飛州街道を蝶ヶ岳まで登り、そこから梓川に下りました。梓川から上流を目指し、槍沢に入りました。当時、松本藩は槍沢まで入り、木材を伐採し搬出していたので、二俣までは杣小屋（そまごや）があったのです。ですからそこで働く杣人や猟師は、槍沢の源頭や槍の穂先のことも知っていたのではないでしょうか。播隆は登路を探しながら槍沢を遡行し、現在は播隆窟とよばれる、大石の下の空間「坊主岩小屋」に籠り、修行に励み下山しました。

2年後、播隆は又重とともに槍ヶ岳の頂上に達しました。岩を集めて祠をつくり、そこへ銅像の阿弥陀仏三尊を祀り、槍ヶ岳開山が達成されました。艱難辛苦（かんなんしんく）の道程がようやく明るくなったのです。播隆はその10日後には穂高岳に登り名号碑を安置したそうです。

播隆の槍ヶ岳登拝登山は1834（天保4）年から3年間続きました。翌年の６月～８月まで53日間の山籠もりを果たすとともに、７月６日には西鎌尾根を通って笠ヶ岳にもいたりました。このとき、播隆は槍の穂先を平らにし仏像四尊を祀りました。槍の穂先への登攀を助けるために頂上から藁で編んだ「善の綱」を架けました。この藁製の綱は１年で摩滅しましたが、信奉者によって鉄製に変えられました。

播隆の槍ヶ岳開山は信濃の又重だけでなく、石工や鍛冶職人、商人、そして多くの地元農民に支えられて達成できた、衆生とともに登り拝んだ結果でした。自らの修行の場であるとともに、おのずと衆生済度が果たせたのです。

衆生済度の大願成就を果たし、播隆は1840年に入寂しました。享年55才でした。

写真 9.6-1　JR 松本駅前の播隆像

写真 9.6-2　西側から見た槍ヶ岳

写真 9.6-3　夕日をあびた槍ヶ岳　御来迎はこんな感じで頂上付近に見られたのでしょう

おわりに

宇宙空間に浮かぶ小さな水の惑星・地球の表面は、熱帯から極地まで、酷暑の地から厳寒の地まで、多湿の地から乾燥した地まで、いろいろな自然条件に覆われています。しかしながら、日本列島に生を受けた私たち日本人は、その地球上の厳しさを、あまり感ずることなく過ごし、多くの人々が平穏な生涯を送っています。

その最大の理由は、日本列島が中緯度に位置し、海に囲まれた島国であることに起因します。地球儀を見て、地球を俯瞰すると、日本列島の自然条件が地球上でも極めて恵まれていることに気がつきます。日本列島を旅していると、いたる所で地球の恩恵を受けます。美しい自然がその最たるものです。

多くの日本人が、当たり前と感じている日本の自然ですが、地球上では必ずしも当たり前ではありません。一度、日本の山河を振り返り、眺めてみると、その自然は、私たち日本人の精神構造にも、大きく影響していることにも気がつきます。

誰もが当たり前と考えている、日本の自然のいくつかを改めて見てそのよさを理解することは毎日の生活が豊かになることでもあります。日本列島に住む皆さんに少しでも広い視野、これまでとは異なる視野を持って欲しい。そうすることが皆さんの日常を豊かにする、そうなることの手伝いをしたいと考え本書を執筆しました。

当初の計画よりも多くの写真や図を使うことができ、読者の理解の助けになる本ができたのではないかと、ひそかに期待しています。

掲載するのに自分の写真では限界があります。東京大学地震研究所時代の同僚の小山悦郎氏からは多くの火山の写真を頂きました。南極仲間の赤田幸久氏、山仲間の荒井照雄氏からも多くの風景写真の提供を受けました。この本のために後立山連峰の氷河の写真をわざわざ撮りに行ってくださったのは、やはり山仲間の田中要氏です。研究者仲間の北海道大学名誉教授・高波鐵夫氏からはアポイ岳の写真を頂きました。島根県の定秀陽介氏、樋野俊晴氏、椙ケ瀬孝氏からは島根県関係の情報や写真を頂きました。国立極地研究所の三浦英樹准教授、元極地研究所の片島千枝子さんからも写真の提供を受けました。世界の旅人・田中祥太氏からは多くのボリビア・ラパスの写真を頂きました。オーロラは第57次日本南極地域観測隊が昭和基地で撮影したものです。併記して御礼申し上げます。

富山県［立山博物館］からは「立山曼荼羅」を使わせて頂き、いろいろ御教示を賜りました。神奈川県藤沢市の天嶽院からは永平寺の写真を提供して頂きました。お陰様で読者が自然と宗教の関係がよりわかりやすくなったと思います。厚く御礼申し上げます。

丸善出版企画・編集部の堀内洋平氏、北上弘華さんには、出版に際し一方ならぬお世話を頂きました。また村田レナさんは退職前の最後の仕事として、原稿を精読し、数多くの助言を頂きました。三人のおかげで本書を世に出すことができました。心より感謝しております。

2021年7月

神 沼 克 伊

索　引

か 行

さ 行

た　行

な 行

は 行

ま 行

地名別索引

東北地方

関東地方

中部地方

近畿地方

中国地方

四国地方

九州地方

著者紹介
神沼　克伊（かみぬま　かつただ）
国立極地研究所・総合研究大学院大学名誉教授。理学博士。
専門は固体地球物理学。東京大学大学院理学研究科修了後、東京大学地震研究所に入所、地震や火山噴火予知の研究に従事。1974年より国立極地研究所で南極研究に携わる。二度の越冬を含め南極へは15回赴く。南極には「カミヌマ」の名前がついた地名が2か所ある。
著書に『白い大陸への挑戦—日本南極観測隊の60年』『南極の火山エレバスに魅せられて』（以上、現代書館）『あしたの地震学—日本地震学の歴史から「抗震力」へ』『あしたの南極学—極地観測から考える人類と自然の未来』（以上、青土社）など。

地球科学者と巡るジオパーク日本列島

令和3年8月31日　発　　行
令和4年9月30日　第3刷発行

著作者　神　沼　克　伊

発行者　池　田　和　博

発行所　丸善出版株式会社
〒101-0051 東京都千代田区神田神保町二丁目17番
編集：電話(03)3512-3265／FAX(03)3512-3272
営業：電話(03)3512-3256／FAX(03)3512-3270
https://www.maruzen-publishing.co.jp

組版・斉藤綾一
印刷／製本・三美印刷株式会社

ISBN 978-4-621-30638-3　C 3025　Printed in Japan